北京市生态学重点学科项目资助
生物多样性与有机农业北京市重点实验室项目资助

有机鸡生产技术指南

袁建敏　主编

中国农业大学出版社
·北京·

内 容 简 介

目前我国有机鸡生产已经开展，但是有机鸡生产的技术资料比较缺乏，不能满足有机鸡生产发展的需要。为了更好地指导有机鸡的生产，推动行业发展，作者编写了本书。本书为中国农业大学有机农业丛书之一，内容包括有机鸡生产的国内外现状及趋势、有机鸡生产与禽产品品质、有机鸡品种要求、鸡场选址和鸡舍工艺、有机鸡的饲养技术、饲料生产和配制、卫生与疾病防治、运输和加工、记录保存等。本书可作为畜牧专业学生的学习资料以及有机鸡生产企业的参考书。

图书在版编目(CIP)数据

有机鸡生产技术指南/袁建敏主编. —北京：中国农业大学出版社，2020.5
ISBN 978-7-5655-2284-0

Ⅰ.①有…　Ⅱ.①袁…　Ⅲ.①鸡-饲养管理-指南　Ⅳ.①S831.4-62

中国版本图书馆 CIP 数据核字(2019)第 225505 号

书　　名　有机鸡生产技术指南
作　　者　袁建敏　主编

策划编辑　丛晓红　梁爱荣　　责任编辑　刘耀华
封面设计　郑　川
出版发行　中国农业大学出版社
社　　址　北京市海淀区圆明园西路 2 号　　邮政编码　100193
电　　话　发行部 010-62733489，1190　　读者服务部 010-62732336
　　　　　编辑部 010-62732617，2618　　出　版　部 010-62733440
网　　址　http://www.caupress.cn　　E-mail cbsszs@cau.edu.cn
经　　销　新华书店
印　　刷　涿州市星河印刷有限公司
版　　次　2020 年 5 月第 1 版　2020 年 5 月第 1 次印刷
规　　格　787×1 092　16 开本　9.5 印张　180 千字
定　　价　48.00 元

中国农业大学有机农业丛书
编写委员会

编 写 人 员

主　编　袁建敏

参　编　（按姓氏拼音排序）

李建慧　刘　璇　武玉钦

总　序

20 世纪以来，现代农业在大幅度提高农业生产力的同时，生产过程中过量使用化肥、农药、抗生素等，由此带来了诸如水土流失、环境污染、农产品质量下降和农田生物多样性减少等一系列问题，也导致了现代农业体系内在的不稳定性和不可持续性，如何探索一条既不依赖大量化石能源又能保障食物安全和食品安全的可持续道路成为农业研究人员必须解决的一大难题。

有机农业就是国外一些农业先驱针对常规农业困境提出的一种可持续农业发展模式，早期的几位科学及哲学巨匠包括英国的霍华德(Albert Howard, 1873—1947)、奥地利的斯坦勒(Rudolf Steiner, 1861—1925)和日本的福冈正信(Masanobu Fukuoka, 1913—2008)均对有机农业的启蒙做出了重大贡献，而发起于 1972 年的国际有机农业运动联盟(IFOAM)则对世界范围的有机农业发挥了旗帜性作用。2011 年，第 17 届世界有机农业大会在韩国举办，标志着有机农业在亚洲的崛起以及世界有机农业大家庭对东亚农业文明的重视。据瑞士有机农业研究所(FiBL)等公布的数据表明，截至 2011 年底，全球有 160 个国家超过 180 万个有机农户进行有机农业生产，以有机方式管理的土地面积已达 3 720 万 hm^2。过去 10 年来，世界有机农业种植面积年增长率达到了 8%。

中国有机农业发展始于 20 世纪 80 年代初期。当时国内一些院校的学者如王在德、刘巽浩、章熙谷等率先在不同刊物发文介绍了有机农业，其后有机农业的认证、咨询及研究即逐步展开。1990 年浙江临安的有机绿茶通过荷兰认证机构 Skal 的认证，首创我国有机食品开发的历史。1994 年，国家环保局有机食品发展中心(OFDC)在南京成立，这是我国首个专门从事有机农业研究、认证和培训推广的机构。随后，中国农业大学、南京农业大学、华南农业大学、中国农业科学院茶叶研究所等建立了相应的研究、咨询与认证机构，其他一些农业研究所也开展了相应的有机农业生产技术的研究工作。2005 年 4 月 1 日正式颁布实施的中国《有机产品》标准 GB/T 19630 标志着中国有机农业全面、有序的发展。据不完全统计，至 2010 年底我国有机生产面积 200 万 hm^2，有机产品认证证书达 9 881 张，获证企业

7 180 家，有机产品国内贸易额达 838 亿元，年出口额约 4 亿美元。中国有机农业经过 20 余年的发展，经历了市场不断拓展、基地及品种不断扩大以及政府逐步认可这样一个变革。总体上讲，中国有机农业正处在一个从依赖出口向立足国内市场，从分散式单一发展向行业整体推动这样一个转折时期，可以预见，未来 5～10 年有机农产品在国内市场的份额将呈快速上升趋势。

中国农业大学长期以来形成了一支有机农业的研究队伍，在国内开展了一些先导性的研究工作，包括于 1998 年开始与欧盟国际生态认证中心（ECOCERT）的合作，目前已认证的有机农产品占出口农产品的 60％以上；在曲周实验站开展了有机农业的长期定位试验，其中小麦-玉米试验开始于 1993 年，日光温室蔬菜试验开始于 2002 年；受科技部支撑计划项目资助，在山东淄博、新疆伊犁等地开展了一批有机食品开发与加工技术研究与示范；为众多地方政府/企业制定了有机农业发展规划；与丹麦、德国、瑞士、美国、韩国等国相关研究机构建立了长期的合作关系；申请获批北京市有机农业与生物多样性重点实验室；在国际有机农业研究学会（ISOFAR）和国际知名有机研究机构，如国际有机食品系统研究中心（ICROFS）理事会有了中国专家的代表；作为主要和主持单位参与国家有机食品标准的制定和国家有机食品产业发展报告的撰写。目前这支研究队伍已成为促进国内有机农业事业发展的一支重要生力军。

本次由中国农业大学出版社计划出版的有机农业丛书，涵盖有机农业经典译著、有机农业研究和有机农业技术几个专题，包括农业圣典、活的土壤、有机蔬菜长期定位研究、有机畜牧业、间套作与有机农业、有机农业生产与贸易、有机鸡生产技术、有机苹果种植技术、有机蔬菜生产技术、有机水稻种植技术等。

在我国农业发展取得巨大成就又面临空前挑战的背景下，在迫切需要从战略高度系统探索中国常规农业向环保农业包括有机农业转型的历史关头，受中国农业大学资源与环境学院生态科学与工程系吴文良教授邀请为本丛书写序，看到当年我们那一辈曾经参与探索的有机农业，在年轻一代农业科研与教育工作者的推动下取得如此系统的研究成果，由衷高兴。也愿借此机会祝愿国内有机农业发展步入健康轨道，中国农业真正转向可持续发展阶段，国民早日摆脱食品风险。

韩纯儒

2013 年 9 月于北京

F 前　言
Foreword

随着社会经济的不断发展，大众生活水平不断提高，人们越来越重视食品品质和安全性。我国农产品发展也由无公害食品逐渐向高端产品（绿色食品和有机食品）发展。

相对于种植业来说，畜牧业发展有机生产较晚。由于家禽属耗粮型畜禽，发展有机家禽生产首先要解决有机饲料的问题，依赖于种植业的有机粮食生产。在我国人用有机食品还不甚发达的情况下，有机家禽产业的发展自然没有那么容易，落后于放牧型有机畜牧业的发展。从国际上来说，欧美发达国家有机种植业比我国要发达得多，发展有机家禽产业自然也较快，但也远远不如现代畜牧业发达。

近年来，为满足人们对美好生活的向往，我国各地开始因地制宜地发展有机家禽生产。有机食品认证机构也不断推动我国有机家禽产业的发展。目前我国有机鸡生产已经开展，但是有机鸡生产的技术资料比较缺乏，不能满足有机鸡生产发展的需要。为了更好地指导有机鸡的生产，推动行业发展，作者编写了本书。本书为中国农业大学有机农业丛书之一，内容包括有机鸡生产的国内外现状及趋势、有机鸡生产与禽产品品质、有机鸡品种要求、鸡场选址和鸡舍工艺、有机鸡的饲养技术、饲料生产和配制、卫生与疾病防治、运输和加工、记录保存等。

由于我国有机鸡的生产研究相对落后，可参考的资料较少，很多数据参考放养鸡或散养鸡的材料。本书编写过程中得到社会各界的帮助，为本书涉及的鸡品种提供品种性能介绍和照片；同时，本书撰写过程中得到中国农业大学动物科技学院学生裴海涛、王浦卉、张霞霞、宋柏辰的协助，在此一并表示感谢。感谢王可通老师为本书提供精美照片。此外，编者水平有限，不足之处希望读者指正。

袁建敏

2019 年 9 月

目 录

Contents

第一章 有机鸡生产的国内外现状及趋势

近年来，人们生活水平不断提高，越来越重视食品品质和安全性，我国农产品发展也由无公害食品逐渐向绿色食品、有机食品发展。我国有机食品越来越频繁地进入人们的视野，逐步得到人们的认可。

第一节 有机市场现状

一、我国有机市场

2015 年我国各类有机产品的产值共计 1 299 亿元。2015 年按照我国标准进行生产的家畜中，有机羊近 537 万头，有机牛近 140 万头，有机猪近 13 万头。在家禽养殖生产中，2015 年我国共饲养有机鸡近 73 万羽，在有机家禽生产中占有优势地位；有机鸭的生产位列第二，总量达近 5 万羽；有机鹅为 3 万多羽。总体来看，2009—2015 年(除 2012 年外)，我国主要有机畜禽产品的年产量都超出了 500 万头(羽)。2013—2015 年的年产量都高于 650 万头(羽)。

二、美国有机市场

1997—2014 年，美国有机食品市场增长超过 9 倍，从 36 亿美元增加到 390 亿美元，现在有 84%的美国人购买有机产品。美国可持续农业发展中心(NSAC)和美国全国有机联盟(NOC)的数据显示，消费者对有机食品的需求以及美国有机食品销售在过去 5 年中平均每年增长 10%。其中，家禽产品在有机动物蛋白中占有较大比重。有机鸡蛋的销售额 5.14 亿美元，占有机食品销售总额的 1.4%；有机鸡肉的销售额 4.53 亿美元，占有机食品销售总额的 1.3%；有机牛肉的销售额 1.75 亿美元，占有机食品销售总额的 0.4%；有机猪肉的销售额 2 500 万美元，占有机食品销售总额的 0.07%。

根据美国农业部(USDA)有机认证报告数据显示，2015 年美国有 187 家肉鸡场，有机肉鸡的产值为 4.230 亿美元。美国农业部的专家指出，与 2014 年相比，2015 年有机鸡的销售额增长了 13%。

2000—2014年，美国有机肉鸡、有机蛋鸡和有机火鸡的养殖规模急剧增加。2014年有机肉鸡由原来的190万只增加到4 330万只，有机蛋鸡从110万只增加到960万只，有机火鸡从9 138只增加到140万只。

三、欧盟有机市场

欧盟有机家禽数量远少于美国。2013年，意大利有机家禽超过306.3万只，奥地利有1 403万只。根据欧盟统计局Eurostat的数据显示，2014年有机家禽的数量总计不到2 850万只。排行榜首的是法国，拥有超过1 275万只有机家禽，比上一年增加8.9%；第二位是德国，有493万只（与上一年相同）；英国和荷兰均有超过235万只有机家禽，荷兰比2013年增长了8.5%，而英国的数量比2013年下降了3.6%。此外，丹麦和希腊的有机家禽数量分别为160.3万只和20.3万只。

其他有机家禽数量增加的国家如表1-1所示。

表1-1 其他有机家禽数量增加的国家（2014年）

国家	数量/只	比上一年增加量/%
比利时	2 098 000	10.5
瑞典	929 601	3.8
西班牙	391 217	15.6
波兰	257 515	5.6
芬兰	188 203	15.3
匈牙利	122 536	27.1
斯洛文尼亚	71 537	30.6
捷克	39 330	7.4
克罗地亚	2 540	24.8

然而，也有一些国家有机鸡养殖规模出现下降。罗马尼亚数量下降幅度最大，2013—2014年下降了22.1%，至57 797只；拉脱维亚下降10.3%，至24 706只；塞浦路斯下降9.8%，至8 616只；爱沙尼亚下降6.0%，至21 020只；斯洛伐克下降5.3%，至8 250只；立陶宛下降1.2%，至6 170只。

第二节 有机生产认证

一、我国有机认证现状

2003年以来，我国有机农业处于规范化的快速发展阶段。无论从发证数量还是市场规模,我国有机产业都有了长足的发展。截至 2015 年 12 月 31 日,共有 10 949 家生产企业获得了依据国家标准 GB/T 19630《有机产品》颁发的认证证书,在 23 个省、5 个自治区、4 个直辖市和香港特别行政区均有分布。2004—2015 年的 12 年间,我国颁发有机证书数分别为 22、192、999、2 370、2 688、3 104、4 009、4 810、7 387、9 957、11 499、12 810 个,有机证书年均增长量为 1 180 个。

2014 年我国发放的有机种植、加工、畜禽、水产、野生采集类证书分别为 7 467、2 977、542、560、334 个;2015 年分别为 8 038、3 488、643、367、274 个。可以看出,2015 年我国有机产品证书发放量最多的是有机种植产品,且比 2014 年增加了 571 个,但是总体比例却下降了 0.2%,有机加工、畜禽证书的发证量和比例都有所上升,可以看出有机加工和有机畜禽的发展速度在 2015 年比有机种植要快。

二、国外有机认证现状

根据美国农业部的资料,全球 120 多个不同国家有超过 27 000 种有机认证。如今,仅在美国就拥有超过 19 000 个有机农场和企业,自 2002 年以来增长超过 2.5 倍。

美国农业部意识到了有机产业的蓬勃增长,于 2014 年签署了支持有机农业发展的《2014 农业法案》,意在将从事有机生产的农民和企业与资源联系起来,以确保有机产业的持续增长。该法案支持有机产业保护的计划,提供贷款和赠款,资助有机研究和教育以及病虫害综合管理,美国农业部管理有机认证成本分摊计划,以抵消美国有机生产者和经销商在全国范围内有机认证的成本。此外,美国农业部正在开发有机认证操作数据库,可以提供所有经过认证操作的准确信息,并定期更新。该系统允许任何人使用在线工具确认有机认证状态,用于市场调查和寻找供应链,并对操作员状态进行国际验证,以简化进口和出口证书认证环节,还可与认证人建立联系,以提供更准确和及时的数据。

第三节　有机养殖与常规养殖的差异

一般来说,有机家禽的生产成本高于传统生产系统饲养的家禽,主要由于有机谷物和大豆的价格比传统饲料高 50%～100%(Díaz-Sánchez 等,2015)。但多数消费者认为有机家禽饲养过程更加天然,有机产品相对更安全。因而,许多消费者愿意支付更高的价格。2007 年,美国肉类研究所和食品营销研究所对有机产品消费者进行了调查,结果表明,消费者认为有机产品更健康,营养价值更高,动物福利更有保障,且口感较好。Van Loo 等(2010)的调研表明,消费者认为有机鸡肉中的残留物(杀虫剂、激素和抗生素)较少,比常规生产的鸡肉更健康。

一、经济效益

通过对有机生产系统中饲养的400只生长缓慢的肉鸡哈巴德 Red-JA 和常规生产系统中饲养的相同数量的白羽肉鸡罗斯-308的总成本和净收入进行比较，发现尽管有机肉鸡由于饲料、劳力、认证和户外养护费用较高，鸡肉的单位生产成本比常规生产高70%~86%。但由于有机鸡肉价格为常规鸡肉价格的2倍，每千克有机鸡肉的净收入为0.75欧元，比常规生产的鸡肉高180%(0.27欧元)。因此，有机鸡肉生产的经济效益高于常规鸡肉生产(Cobanoglu等，2014)。

二、胴体品质

研究表明，有机鸡的皮、骨、鸡尖(左翼)和鸡翅(右翼)比常规鸡更重($P<0.05$)。有机鸡的鸡翅(带皮肉)中干物质和总蛋白含量也高于常规鸡($P<0.01$)。有机鸡的心脏、肌胃和鸡脖的重量高于常规鸡($P<0.01$)。有机鸡肝脏、心脏和鸡脖的总蛋白含量较高；有机肉鸡肝脏和颈部脂肪含量也高于常规鸡($P<0.05$)，而常规鸡鸡脖的灰分和磷含量高于有机鸡($P<0.05$)。此外，有机鸡的肝脏，鸡脖和肌胃表面比常规鸡颜色更暗(亮度，$P<0.01$)。因此，与常规鸡相比，有机鸡胴体品质略优(Abdullah等，2016)。

三、环境保护

长期不合理的土地使用会破坏草原，造成严重的环境问题和损失(Xu等，2014)。而有机农业生产被认为是保证食品安全，实现农业可持续发展的重要途径(Hu等，2012)。有机或自由放养系统除了建立生物安全措施之外，还创造了良好环境管理系统，因此被认为是适合人类、家禽和环境的系统(Abbas等，2015)。

有研究探讨了中国北方半干旱草原开展放养鸡增强对土地利用的可行性，4年对照田间试验的结果表明，与笼养鸡相比，放养鸡可以节省1/4的饲料；尽管试验第一年对草的生长有一定的损害，但随后几年，尤其是第3年和第4年，植被覆盖度和地上生物量有较大幅度增加，病虫害明显减少(Xu等，2014)。

四、动物福利

有机系统得到了很多动物福利组织的关注，因为它通过提供足够的空间帮助鸟类表达正常行为(Abbas等，2015)。

可以户外运动是有机家禽的重要特点，在户外家禽可采食鲜草、昆虫和蠕虫。有证据表明，放养的家禽可能通过降低脂肪含量以及维生素和矿物质含量来提高禽肉的营养价值。同时，在良好的牧场管理下，可以实现家禽健康和福利(Sossidou等，2015)。

2017 年 1 月，美国农业部发布了修订的《有机畜禽规范》法规。提议对有机家畜和家禽采取更严格的规定，为有机动物争取更多活动空间。提议部分内容如下。

全年活动区域至少有 50%土壤覆盖的室外区域，与房屋相连的屋顶区域不能算室外；在阳光充足的日子里，自然光可以穿透家禽羽毛；禽舍的板条或网格提供至少 30%的地板面积，并提供足够的沙浴空间；放养密度允许每平方英尺的室内空间 2.25～4.5 lb，建议每只家禽至少 2 in^2。

所有牲畜必须适合运输和屠宰。生病、受伤、虚弱、残废、失明或跛足的动物不得运输、出售或屠宰。牲畜拖车必须提供季节性通风，以抵御寒冷和炎热等环境应激。如果运输和保温时间超过 12 h，必须提供水和有机饲料。

然而，实行该标准会导致生产成本大幅度增加，从而增加产品价格，最终对生产者和消费者均不利。此外，提高户外活动比例使家禽暴露于捕食者和野生鸟类的机会增加，从而增加发病率和死亡率。2010 年丹麦的一项研究表明，鸡群直接暴露于室外的被捕食率为 0～3.7%，而室内鸡群的被捕食率为 0。而在英国和瑞士，鸡群由于户外活动的被捕食率分别为 1.97%和 1.4%。

第二章 有机鸡生产与禽产品品质

由于有机家禽生产主要满足家禽的自然习性，并兼顾生态环境保护，产品主要从化学品、危险品的控制角度出发，提高产品的安全性，很少关注产品品质和风味。本章介绍家禽产品品质及其影响因素，便于读者科学地认识和衡量家禽产品品质的指标，也便于生产者了解如何提高产品品质。

第一节 家禽产品品质及其影响因素

家禽产品包含禽肉和禽蛋。肉品质包括物理性状和风味物质，蛋品质包括外部品质和内部品质。

一、肉品质

（一）物理性状

肉品质物理性状直接影响人们的购买行为，包括色泽、pH、嫩度、多汁性、系水力等指标。

1. 色泽

肉色是肌肉外观评定的重要指标，肉色主要由肌肉中的肌红蛋白决定。红肌纤维含有较高的肌红蛋白，肉色鲜红，但红肌纤维只存在于鸡的腿肌中。胸肉中只含白肌纤维和中间纤维，颜色发白。不同肌纤维脂肪酸组成分析表明，红肉磷脂含量高于白肉，意味着红肉含更多的多不饱和脂肪酸（PUFA）。研究认为家禽红肌纤维含量越高，肉色越好，风味也越好。

肉色遗传力较高 $h^2=0.50\sim0.57$，相对于白羽肉鸡而言，地方鸡红肌纤维含量显著高，而白肌纤维含量显著低，地方鸡肌纤维亮度、红度和黄度值均高于白羽肉鸡。白羽肉鸡选育后虽然亮度值不变，但肉色变得更加苍白。不同品种白羽肉鸡杂交后肉色变白。快大型白羽肉鸡（AA 鸡）与中国地方鸡（广西黄鸡、胡须鸡、杏花鸡、文昌鸡、清远鸡）及阉鸡肉色比较结果见图 2-1 和图 2-2。

肉色与饲养方式有关，放养鸡活动量增加，促进腿部肌肉肌纤维发育，放养 6 周后能显著改善肉色，肌肉黄度值低于笼养。

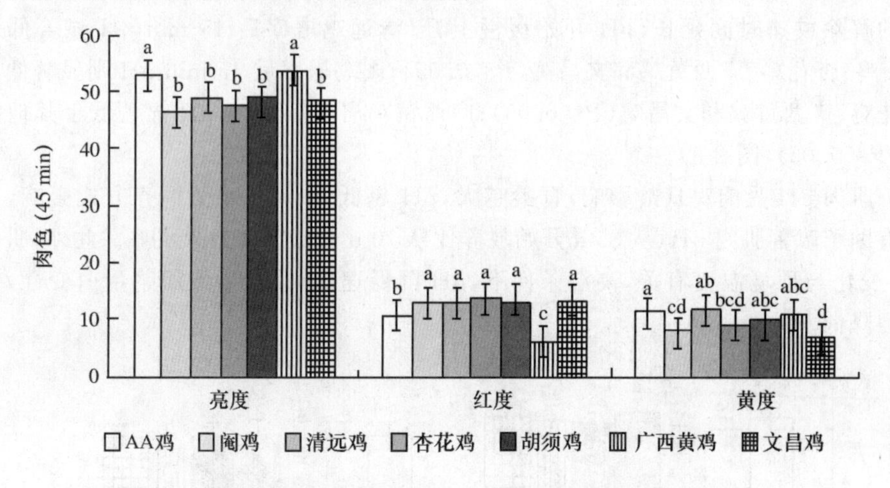

图 2-1　不同品种鸡屠宰后 45 min 肉色比较（引自李龙等，2015）

注：图中不同小写字母表示差异显著（$P<0.05$）

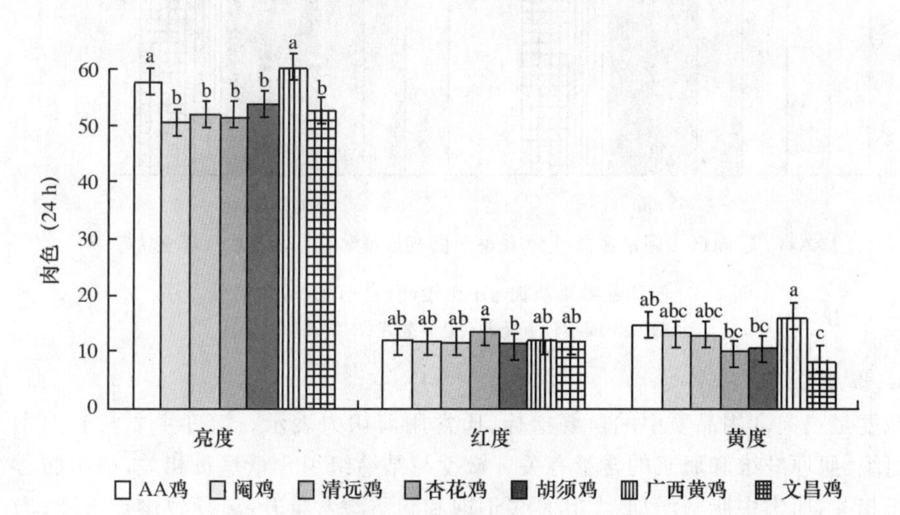

图 2-2　不同品种鸡屠宰后 24 h 肉色比较（引自李龙等，2015）

注：图中不同小写字母表示差异显著（$P<0.05$）

2. pH

pH 即肉的酸度，对肉品质有重要的影响。一般屠宰后 15 min 鸡肉的 pH 为 6.2～6.6。pH 在一定范围内降低对改善肌肉嫩度有利，但 pH 降低导致颜色发浅，过低 pH 导致 PSE 肉，高 pH 容易导致 DFD 肉。

pH 受多种因素的影响，其中重要的内因是肌肉中酸性物质含量的多少。酸性物质中以乳酸为主，其次是肌酸等，乳酸的积蓄会导致肉品质的下降。肌肉 pH 受品种影响，不同白羽肉鸡品种肌肉 pH 下降速度不同，快大型白羽肉鸡 pH 下降速度最快，在屠宰后 15 min 内有 6%的胸肌 pH 为 5.7，经僵直最低达 5.4，而后随僵直的解除成熟时间延长，pH 开始缓慢上升；清远鸡屠宰后 45 min pH 显著低于 AA 鸡、杏花鸡、广西黄鸡和文昌鸡($P<0.05$)；阉鸡屠宰后 45 min pH 则显著低于杏花鸡、广西黄鸡和文昌鸡($P<0.05$)；广西黄鸡屠宰后 24 h pH 显著低于其他品种($P<0.05$)(图 2-3)。

肌肉 pH 受肉鸡日龄影响，日龄越大，pH 越低；肌肉 pH 受饲养方式影响，放养有助于改善肌肉 pH，从 35 d 开始放养比从 70 d 开始放养效果更好。此外，肌肉 pH 变化与环境温度有关，高温条件下，pH 降低速度加快，导致肌浆蛋白变性，持水力降低。

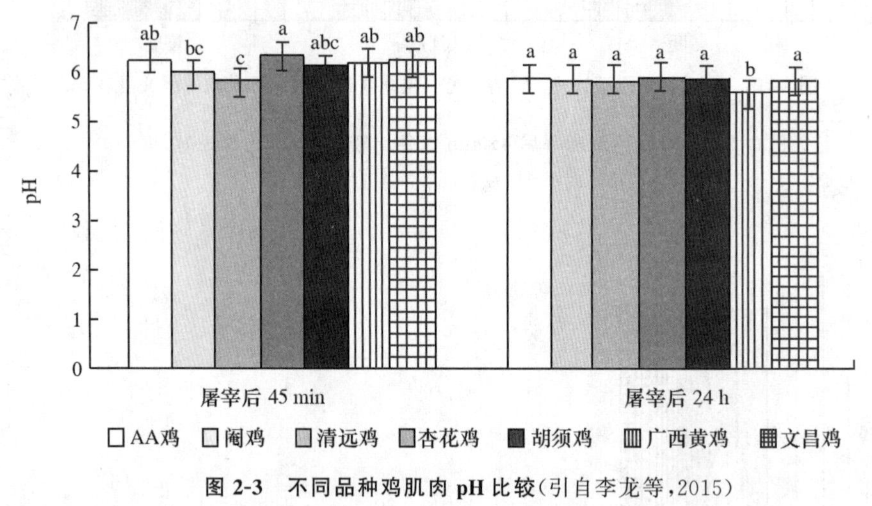

图 2-3　不同品种鸡肌肉 pH 比较(引自李龙等，2015)

注：图中不同小写字母表示差异显著($P<0.05$)

3. 嫩度

嫩度是鸡肉食用品质中的重要指标，通常用剪切力表示。嫩度主要与肌肉中结缔组织、肌原纤维和肌浆的含量有关。嫩度与结缔组织含量呈负相关，与脂肪含量呈正相关，肌肉中脂肪增加，尤其是多不饱和脂肪酸含量升高，导致熔点下降，肉质变软。肉的嫩度还与 C1:0 与 C18:2 脂肪酸的比例有关。此外，嫩度与肌纤维粗细有关，肌纤维越细，密度越大，肌内脂肪含量越高，肉质就越细嫩；肌纤维直径增大，肌肉嫩度相应地降低。

嫩度与品种有关，纯系白羽肉鸡肌肉剪切力低于杂交白羽肉鸡。由于生长速度慢的地方鸡肌纤维比生长速度快的白羽肉鸡细，通常认为地方鸡嫩度好；也有研究认为，地方鸡腿肌和胸肌胶原蛋白含量极显著高于快大型白羽肉鸡，而可溶性胶原蛋白低于白羽肉鸡。因而，地方鸡肌肉剪切力显著高于快大型白羽肉鸡，而且快大型白羽肉鸡肌肉剪切力煮熟后下降，地方鸡腿肌剪切力虽然没有变化，但胸肌剪切力反而显著升高。文昌鸡肌肉剪切力最低，且与AA鸡、阉鸡、清远鸡和胡须鸡差异显著。

嫩度还受年龄影响，家禽肌肉组织的横截面积随年龄的增加而增大，导致嫩度下降。

4. 多汁性

多汁性即咀嚼时从肉块中释放出的肉汁数量，是食用品质的重要指标。多汁性与肉的系水力和脂肪含量有关。肌间脂肪含量多的肉中水分含量高，多汁性好。

5. 系水力

系水力是指肌肉组织保持水分的能力。系水力是一项重要的肉质性状，它直接影响肉的滋味、多汁性、嫩度、色泽、营养成分及香味等肉品质。系水力主要与肌内脂肪含量有关，肌内脂肪使肌肉结构松散，吸附水分能力增强。此外，系水力与肌肉pH有关，动物屠宰后肌肉pH下降导致肌肉蛋白的静电强度减弱，造成系水力下降。

系水力与鸡品种有关，地方鸡系水力低于快大型白羽肉鸡，但不同地方鸡品种之间系水力没有显著差异。

以上各个肉品质物理性状并不是孤立存在的，彼此之间存在相互影响，共同作用于肉品质。研究认为色泽与pH呈显著负相关。此外，肌肉pH与嫩度、系水力、滴水损失、多汁性和货架期有关。

(二)风味物质

风味物质是继外观和嫩度之后，最容易被消费者察觉的肉品质性状。肉类风味成分相当复杂，各种风味化合物共同作用，构成肉类的特征风味。

风味包括滋味和气味。滋味主要指鲜味，是影响风味的主要因素。肉的滋味主要源于肉中非挥发性物质，游离氨基酸、肌苷酸、小肽、无机盐等，其中主要是游离氨基酸和肌苷酸。气味是挥发性的风味物质刺激鼻腔嗅觉感受器而产生的，熟肉中现已鉴定的挥发性化合物超过1 000种，其中与肉品风味有关的有400多种，包括烃、醇、醛、酮、酸、酯等简单化合物和呋喃、噻吩及其衍生物等。此外，还原糖、脂肪酸、甘油三酯、磷脂和硫胺素极易被氧化，其氧化产物直接影响风味成分的组成，是肉香味形成的重要前体物。目前已发现250种与禽肉风味有关的前体物，分为水溶性(游离糖、磷酸糖、核糖、核苷和硫胺素等化合物)和脂溶性两种，肉的风味形成主要是由于加热过程中多肽、游离氨基酸、糖类和硫胺素的降解与脂质的氧化，以上产物间相互作用产生的挥发性香味物质引起的。

1. 游离氨基酸

游离氨基酸是肉品重要滋味物质和挥发性香味物质的重要前体，来源于内源蛋白水解酶对蛋白质的分解。游离氨基酸的味感与其疏水能存在显著负相关，疏水能较小的游离氨基酸味甜，而疏水能较大的氨基酸味苦。谷氨酸是影响肉品滋味的重要游离氨基酸,地方鸡风味好的原因之一即谷氨酸含量高。但一些研究也表明,地方鸡游离氨基酸和总游离氨基酸含量低于快大型白羽肉鸡或其他改良品种,而且鸡肉中各种游离氨基酸含量随日龄增加而显著下降,说明仅仅依据游离氨基酸的绝对含量不能判定肉品的风味。

肉品中各种游离氨基酸对肉滋味的影响,还受游离氨基酸之间相对平衡的制约,地方鸡胸肌中大多数氨基酸、必需氨基酸、氨基酸总量在品种间也存在显著差异,从而导致风味各异。潘爱銮等(2015)研究表明,江汉鸡和洪山鸡 2 个地方鸡品种的氨基酸总量、8 种必需氨基酸、11 种鲜味氨基酸含量(表 2-1)以及肌肉肌苷酸含量均高于科宝 500 白羽肉鸡。

表 2-1 相同性别不同鸡品种间鸡肉氨基酸含量比较

指标	公鸡			母鸡		
	科宝 500	江汉鸡	洪山鸡	科宝 500	江汉鸡	洪山鸡
天冬氨酸△	1.72±0.08	1.79±0.02	1.84±0.08	1.79±0.04	1.82±0.03	1.96±0.36
苏氨酸*	0.85±0.04	0.89±0.01	0.91±0.04	0.89±0.02	0.90±0.01	0.96±0.16
丝氨酸△	0.81±0.02	0.82±0.00	0.84±0.03	0.82±0.01	0.84±0.03	0.89±0.14
谷氨酸△	2.97±0.13	3.41±0.41	3.15±0.09	3.12±0.09	3.19±0.05	3.34±0.48
甘氨酸△	1.03±0.01	1.06±0.01	1.07±0.05	1.06±0.11	1.22±0.03	1.07±0.00
丙氨酸△	1.13±0.04	1.17±0.01	1.18±0.06	1.16±0.01	1.22±0.02	1.29±0.22
胱氨酸	0.14±0.01	0.15±0.01	0.14±0.00	0.13±0.01	0.14±0.00	0.14±0.01
缬氨酸*△	0.77±0.03	0.83±0.00	0.82±0.03	0.82±0.00	0.83±0.01	0.99±0.25
蛋氨酸*△	0.51±0.01	0.56±0.01	0.55±0.01	0.55±0.01	0.54±0.00	0.61±0.12
异亮氨酸*△	0.75±0.03	0.81±0.01	0.80±0.06	0.80±0.03	0.80±0.02	0.91±0.21
亮氨酸*△	1.53±0.06	1.61±0.01	1.63±0.07	1.60±0.03	1.61±0.00	1.67±0.21
酪氨酸	0.59±0.01	0.62±0.00	0.64±0.02	0.63±0.01	0.62±0.01	0.67±0.09
苯丙氨酸*	0.80±0.02	0.85±0.01	0.86±0.06	0.83±0.01	0.84±0.00	0.98±0.25
赖氨酸*	1.71±0.09	1.83±0.04	1.85±0.06	1.82±0.05	1.82±0.02	1.92±0.31
脯氨酸△	0.73±0.02	0.76±0.01	0.78±0.04	0.78±0.01	0.86±0.03	0.82±0.09
组氨酸*	0.55±0.01	0.61±0.01	0.61±0.07	0.56±0.02	0.57±0.05	0.59±0.07
精氨酸△	1.29±0.04	1.36±0.01	1.38±0.06	1.37±0.02	1.39±0.01	1.39±0.13
氨基酸总和	17.85±0.64	18.81±0.16	19.00±0.83	18.71±0.35	19.17±0.17	20.27±3.24
必需氨基酸总和	7.47±0.28	7.99±0.12	8.00±0.40	7.85±0.18	7.89±0.04	8.62±1.61
鲜味氨基酸总和	13.24±0.48	14.17±0.35	14.02±0.57	13.87±0.24	14.30±0.18	14.92±2.23

注:①表中*表示必需氨基酸,△表示鲜味氨基酸。

②引自潘爱銮等,2015。

2. 肌苷酸

肌苷酸是一类产生鲜味的重要物质,由肌肉中的 ATP 磷酸腺苷降解产生。

5′-肌苷酸与谷氨酸钠以 1∶5～1∶20 的比例混合，可以使谷氨酸钠的鲜味增至 6 倍，并且对酸味、苦味有抑制作用，即有味觉缓冲作用。

肌苷酸具有中等遗传力性状，遗传力 $h^2=0.4\sim0.6$，因此，肌苷酸含量主要与品种有关。肌苷酸含量与体重呈显著负相关，即体重越大、生长速度越快的鸡，鸡肉中肌苷酸含量越低，地方鸡或慢速生长鸡肌苷酸含量高于快大型白羽肉鸡。不同地方鸡品种之间肌苷酸含量也存在差异，我国地方鸡肌肉中肌苷酸含量由高到低依次为泰和鸡、白耳鸡、北京油鸡、肖山鸡、狼山鸡。但也有研究发现，8 周龄快大型白羽肉鸡、蛋鸡和纯种固始鸡之间，以及 4 周龄杂交固始鸡、快大型白羽肉鸡和蛋鸡之间胸肌肌苷酸含量没有显著差异，而且 6 周龄时杂交固始鸡胸肌肌苷酸含量显著低于白羽肉鸡、蛋鸡，与通常人们认为地方鸡肌苷酸含量高于快大型白羽肉鸡结果相反。

3. 肌内脂肪

脂肪受热降解产生烃、醛、酮、醇、羧基酸和酯类化合物，使具肉香特征的化合物增加，在风味的形成过程中起着关键的作用，是挥发性香味的主要来源。并不是所有脂类都产生相同的风味，磷脂富含不饱和脂肪酸，如亚麻酸和花生四烯酸，特别是含有 4 个以上不饱和双键的长链不饱和脂肪酸，极易被氧化，在烹调过程中产生几百种挥发性脂肪酸。此外，磷脂中多不饱和脂肪酸参与美拉德反应，提高挥发性物质的数量。由于肌内脂肪的主要成分为磷脂(占 20%～50%)，所以肌内脂肪是肉品风味的主要来源。

多数研究认为，地方鸡肌内脂肪含量高于快大型白羽肉鸡或其他改良品种。但有研究发现，除文昌鸡外，其余黄羽肉鸡的肌内脂肪含量显著低于 AA 鸡($P<0.05$)(图 2-4)。

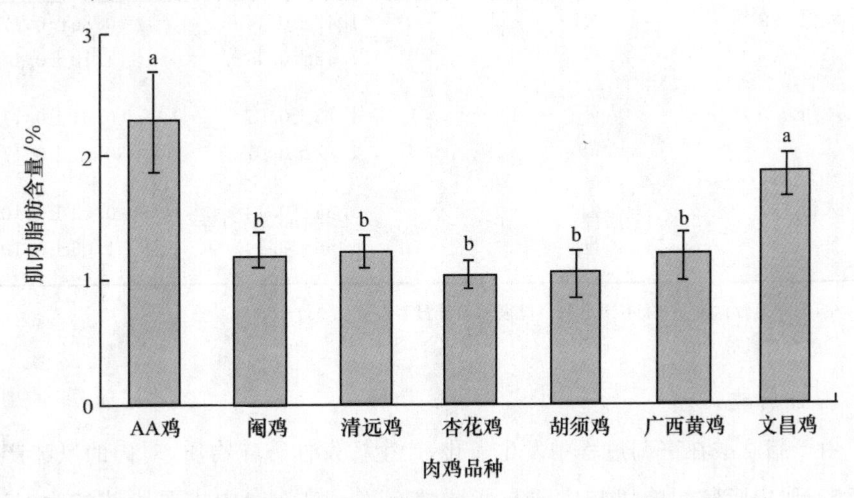

图 2-4　不同品种肉鸡肌内脂肪含量比较(引自李龙等，2015)

注：图中不同小写字母表示差异显著($P<0.05$)

实际上，肌内脂肪沉积受到鸡的日龄、饲养条件、日粮营养等因素影响，如肌内脂肪含量随日龄增加而升高，放养鸡的脂肪含量(腹脂占屠体重的百分比)明显低于舍饲鸡；肌内脂肪含量还与性别有关，公鸡的肌内脂肪含量显著低于母鸡；另外，肌内脂肪含量与测定部位有关，快大型肉鸡的胸肉粗脂肪含量比地方鸡的低，但二者腿肉肌内脂肪含量却没有显著差异，说明肌内脂肪不宜作为不同品种家禽肉质衡量的指标。

有研究表明，无论是肌内脂肪含量还是肌肉肌苷酸含量，均受到品种、日龄和性别的共同影响。肌内脂肪含量随日龄增加而上升，但肌苷酸却不一致，公、母鸡之间也没有一定的规律性(表 2-2)。

表 2-2 大恒鸡和乌骨鸡鸡肉肌苷酸和肌内脂肪含量比较

项目	品种	肌苷酸含量/(mg/g)	肌内脂肪含量/%
90 日龄	大恒 699	1.94±0.16	0.77±0.11[a]
	沐川乌骨鸡	1.93±0.16	0.47±0.11[b]
	大恒 199	1.55±0.16	0.41±0.11[b]
120 日龄	大恒 699	1.16±0.08	0.95±0.12
	沐川乌骨鸡	1.29±0.08	0.72±0.12
	大恒 199	1.20±0.08	0.93±0.12
150 日龄	大恒 699	1.26±0.14[b]	1.24±0.21
	沐川乌骨鸡	1.68±0.14[a]	0.74±0.21
	大恒 199	1.62±0.14[a]	1.19±0.21
大恒 699	公	1.48±0.11	0.86±0.17
	母	1.42±0.11	1.10±0.17
沐川乌骨鸡	公	1.75±0.07	0.61±0.11
	母	1.52±0.07	0.67±0.11
大恒 199	公	1.35±0.14	0.62±0.10
	母	1.56±0.14	1.06±0.10

注：①同列数据中，肩标不同小写字母表示差异显著($P<0.05$)。

②引自马敏等，2015。

4. **脂肪酸**

由于脂肪酸在烹调过程中发生氧化，产生挥发性香味物质，对肉的风味产生重要影响，肌内脂肪影响风味主要与脂肪酸有关。鸡胸肉中主要脂肪酸为 C16:0、C18:1 和 C18:2 等，多不饱和脂肪酸(PUFA)/饱和脂肪酸(SFA)＝0.98，其中

C18:2 占 26.75%，除 C18:2 外还含有较高的 PUFA。鸡肉气味、香味与油酸相关程度很低（$r^2=0.02\sim0.03$），与亚油酸相关程度高于油酸（$r^2=0.21\sim0.25$）；油酸与鸡肉嫩度、鲜味、多汁性相关程度高于亚油酸，但都没有达到显著程度，而亚麻酸与鸡肉的气味、香味、嫩度、鲜味相关程度较高（$r^2=0.39\sim0.47$），都达到显著程度。有研究表明，鸡肉中亚油酸、亚麻酸含量与品尝评分总分结果一致，证实了肉中 *n*-3 PUFA 含量与香味有关的说法。

肉中脂肪酸组成与品种、性别和日粮有关（表 2-3）。地方鸡肌肉 C16:0、C18:0、C18:1 及 SFA 总量显著低于 AA 肉鸡，而 C18:2 和 C18:3 及总不饱和脂肪酸含量分别是 AA 肉鸡的 2.8 倍、12.3 倍和 3.5 倍。地方鸡硬脂酸、油酸含量低于快大型肉鸡，亚麻酸、亚油酸含量显著高于快大型肉鸡或其他改良品种肉鸡，这也在随后更多的研究中得到进一步证实。泰国地方鸡相对于快大型白羽肉鸡来说，含更多的 SFA、更少的 PUFA，而单不饱和脂肪酸（MUFA）在两品种间没有差异。研究认为，不同鸡品种间杂交能改变脂肪酸组成，地方鸡之间杂交后代不饱和脂肪酸相对含量高出双亲的上限，具有超显性的杂种优势。此外，研究认为肌肉脂肪酸还与肌肉部位有关，腿肌不饱和脂肪酸含量高于胸肌，腿肌总脂肪酸含量比胸肌高 15%。

饲养和饲喂方式也影响肌肉脂肪酸组成。放养鸡磷脂比例高，尤其是 C20 和 C22 多不饱和脂肪酸的含量高。放养鸡比舍饲鸡具有更适宜的脂肪酸组成，必需脂肪酸（油酸、亚麻酸）及不饱和脂肪酸（ω-3 和 ω-6）的含量很高。

5. 其他风味物质

硫胺素是一种含硫和含氮的双环化合物，硫胺素热解可产生多种含硫和含氮挥发性香味物质，对肉品风味有重要影响。鸡肉硫胺素含量随着日龄的增加显著降低。放养鸡硫胺素含量显著高于舍饲鸡。

粪臭素（3-甲基吲哚）是引起畜禽产品异臭味的一种主要物质，具有挥发性，由后肠微生物降解色氨酸产生。大部分粪臭素可在肝中降解和从尿中排出，但未降解的粪臭素可储存在机体脂肪和肌肉中，导致肉风味下降。粪臭素主要受遗传影响，不同品种猪粪臭素含量不同。粪臭素与鸡的饲养方式有关，放养鸡腹脂中粪臭素含量显著低于舍饲鸡。

此外，有研究认为丝氨酸和谷氨酸影响鲜味。地方鸡肌肉中丝氨酸和谷氨酸含量显著高于快大型肉鸡。由于中国的烹调方式与国外有别，国内更喜欢煲汤的饮食方式。鸡汤感官评分标准见表 2-4，对于客观评价鸡肉品质具有重要意义。

表 2-3 洪山鸡、江汉鸡与白羽肉鸡胸肌脂肪酸含量比较

%

测定项目	公鸡			母鸡		
	洪山鸡	江汉鸡	科宝 500 白羽肉鸡	洪山鸡	江汉鸡	科宝 500 白羽肉鸡
棕榈酸	19.02±1.41	19.15±0.29	16.76±0.98	17.86±0.88	19.93±0.13	17.62±1.08
硬脂酸	11.67 ± 0.40^{A}	9.72 ± 0.01^{B}	9.24 ± 0.04^{B}	10.80±1.10	9.49±0.75	8.44±0.22
二十二碳烷酸	0.00^{B}	0.00^{B}	0.20 ± 0.04^{A}	0.00^{C}	0.16 ± 0.04^{B}	0.24 ± 0.01^{A}
十五碳一烯酸	11.75 ± 0.30^{B}	16.48 ± 0.25^{A}	17.67 ± 1.53^{A}	9.94 ± 0.25^{C}	14.01 ± 0.31^{B}	16.66 ± 0.96^{A}
棕榈一烯酸	0.95 ± 0.01^{A}	0.44 ± 0.12^{B}	0.46 ± 0.08^{B}	1.47±0.11	0.85±0.01	0.95±0.37
十七碳一烯酸	2.93 ± 0.30^{B}	2.98 ± 0.19^{B}	4.40 ± 0.04^{A}	2.79±0.44	2.71±0.66	3.18±0.49
油酸	18.51±1.29	16.03±1.20	15.76±0.03	20.42±0.93	18.75±1.92	18.89±1.57
亚油酸	14.00 ± 0.45^{A}	7.49 ± 0.75^{B}	7.93 ± 1.48^{B}	17.69 ± 2.06^{A}	6.85 ± 1.81^{B}	9.17 ± 3.09^{B}
亚麻酸	0.52 ± 0.165^{A}	0.00^{B}	0.00^{B}	0.75 ± 0.28^{A}	0.00^{B}	0.00^{B}
花生二烯酸	0.62 ± 0.04^{A}	0.32 ± 0.03^{C}	0.46 ± 0.05^{B}	0.62 ± 0.01^{A}	0.41 ± 0.04^{B}	0.32 ± 0.07^{B}
花生三烯酸	0.76±0.03	0.62±0.18	0.84±0.16	0.73±0.12	0.79±0.071	0.67±0.21
花生四烯酸	9.43±1.05	17.98±2.32	15.34±1.39	8.71 ± 0.66^{B}	16.10 ± 1.55^{A}	13.90 ± 2.87^{AB}
花生五烯酸	0.80 ± 0.02^{A}	0.34 ± 0.11^{B}	0.18 ± 0.07^{B}	0.60 ± 0.05^{A}	0.12 ± 0.01^{B}	0.14 ± 0.01^{B}
二十二碳六烯酸(DHA)	3.02 ± 0.11^{A}	2.16 ± 0.20^{B}	2.17 ± 0.40^{B}	1.91±0.09	2.72±0.15	2.78±1.24
其他	6.05 ± 0.06^{B}	6.33 ± 0.40^{B}	8.61 ± 0.36^{A}	5.74 ± 0.07^{B}	7.13 ± 0.41^{A}	7.07 ± 0.61^{A}
SFA	30.68 ± 1.00^{A}	28.87 ± 0.28^{B}	26.89 ± 0.08^{C}	28.65 ± 1.98^{AB}	29.58 ± 0.59^{A}	26.13 ± 0.23^{B}
MUFA	34.14 ± 1.90^{B}	35.92 ± 1.38^{B}	38.28 ± 1.39^{A}	34.62 ± 0.35^{C}	36.31 ± 2.26^{B}	39.67 ± 0.50^{A}
PUFA	29.14 ± 0.83^{A}	28.90 ± 1.51^{A}	26.91 ± 0.03^{B}	30.99 ± 1.71^{A}	26.98 ± 3.25^{B}	26.98 ± 0.76^{B}
USFA	63.27 ± 1.07^{B}	64.81 ± 0.13^{AB}	65.19 ± 1.41^{A}	65.61 ± 2.06^{A}	63.29 ± 0.99^{B}	66.64 ± 0.25^{A}
EFA	14.52 ± 0.30^{A}	7.49 ± 0.75^{B}	7.93 ± 1.48^{B}	18.44 ± 2.35^{A}	6.85 ± 1.81^{B}	9.17 ± 3.08^{B}

注：①同行数据中，肩标不同大写字母表示同一性别不同品种间差异显著($P<0.05$)。

②引自申杰等，2014。

表 2-4　鸡汤感官评分标准

评价指标	指标所占权重/%	分数区系			
		9～10 分	6～8 分	3～5 分	0～2 分
色泽	10	乳白色或淡黄色	白色	灰白色	无色
滋味	40	口感醇厚，回味清甘	鲜味不足，口感纯正	口感清淡，回味不足，无异味	无鸡汤鲜味或有异味
香气	30	肉香味浓郁	有明显鸡肉香味，但香味较淡	肉香味较弱，无异味	无鸡汤香味或有异味
肉质	10	烂度适中，有嚼劲	肉较烂，形态较差	口感粗糙，无嚼劲	肉散架，无形态
浮油	10	表面有少量颗粒浮油	表面无任何浮油	表面有大量浮油	表面被油脂覆盖，油脂层较厚

注：引自王炜等，2012。

王炜等(2012)研究了以苏北土鸡、雪山鸡和 817 肉鸡为原料加工鸡汤后其感官品质、游离氨基酸和核苷酸的变化，结果表明，用相同品种的鸡宰后 0.5 h 与 24 h 的样品煲汤，在感官风味上没有明显差异，但不同种类鸡汤之间感官差异显著，通过对游离氨基酸(表 2-5)，滋味、香气、肉质(表 2-6)，核苷酸(表 2-7)的鉴定，得出苏北土鸡煲汤的整体风味最佳，雪山鸡次之，817 肉鸡煲汤风味较差，不适合作为煲汤类产品。宰后成熟 24 h 有利于提高鸡汤鲜味物质的含量(表 2-5)。

表 2-5　每 100 mL 不同品种鸡汤中游离氨基酸含量比较　　mg

宰后时间/h	氨基酸	雪山鸡汤	817 肉鸡汤	苏北土鸡汤
0.5	Asp	18.66 ± 2.00^{B}	14.18 ± 1.49^{B}	25.49 ± 6.71^{A}
	Glu	27.26 ± 3.92^{B}	24.87 ± 2.78^{B}	40.48 ± 6.90^{A}
	Ser	4.77 ± 0.85^{A}	2.16 ± 0.47^{B}	2.27 ± 0.41^{B}
	His	4.94 ± 0.88^{B}	3.63 ± 1.30^{B}	17.18 ± 4.43^{A}
	Gly	12.29 ± 2.29^{A}	11.44 ± 1.54^{A}	1.19 ± 0.25^{B}
	Thr	11.70 ± 2.99^{B}	7.90 ± 4.06^{B}	29.76 ± 5.27^{A}
	Arg	7.86 ± 1.84^{B}	8.57 ± 2.15^{A}	7.87 ± 2.01^{B}
	Ala	12.73 ± 4.06^{B}	20.24 ± 3.65^{A}	16.21 ± 0.71^{AB}
	Cys-s	0.11 ± 0.03^{B}	0.48 ± 0.18^{A}	0.46 ± 0.09^{A}
	Val	7.09 ± 2.47^{B}	11.28 ± 1.88^{A}	9.55 ± 0.80^{AB}
	Met	5.78 ± 1.87^{B}	6.75 ± 0.88^{AB}	8.18 ± 1.27^{A}
	Phe	3.93 ± 0.70^{B}	5.49 ± 1.01^{A}	5.59 ± 0.74^{A}

续表 2-5

宰后时间/h	氨基酸	雪山鸡汤	817 肉鸡汤	苏北土鸡汤
0.5	Ile	8.61±0.61[a]	4.14±0.68[c]	6.72±1.07[b]
	Leu	4.54±3.66[b]	1.01±0.19[c]	12.14±1.63[a]
	Lys	4.89±0.42[b]	4.10±0.35[b]	5.21±1.68[a]
	Pro	11.80±2.47	12.06±2.04	12.85±1.79
24	Asp	22.15±5.14	18.76±3.68	22.13±3.71
	Glu	32.93±8.03	33.92±12.30	47.26±13.93
	Ser	6.31±1.74[a]	4.81±1.80[a]	1.54±0.68[b]
	His	5.86±1.71[b]	7.47±1.28[b]	24.67±8.93[a]
	Gly	16.65±5.38[a]	11.65±2.76[b]	1.45±0.60[c]
	Thr	14.13±1.74[b]	12.55±4.19[b]	34.64±9.16[a]
	Arg	7.10±1.39[b]	9.43±0.91[b]	13.18±3.49[a]
	Ala	10.19±2.54[b]	24.52±7.06[a]	17.88±6.58[ab]
	Cys-s	0.34±0.47[b]	1.43±0.95[a]	0.74±0.41[ab]
	Val	10.64±1.69	13.59±3.38	10.53±3.11
	Met	5.60±1.88[b]	7.28±1.88[ab]	10.16±4.37[a]
	Phe	3.03±0.87[b]	5.63±0.87[a]	3.50±0.80[b]
	Ile	7.07±0.90[a]	4.89±0.99[b]	7.87±2.30[a]
	Leu	2.71±1.44[b]	1.45±0.49[b]	11.15±4.68[a]
	Lys	2.69±0.78[b]	4.35±1.87[b]	9.08±2.81[a]
	Pro	11.50±2.78[b]	11.01±1.79[b]	17.79±4.80[a]

注：①同行数据中，肩标不同小写字母表示差异显著($P<0.05$)。

②引自王炜等，2012。

在上述鸡肉品质性状或风味物质中，必需脂肪酸存在于自然界的植物中(表 2-8)，特别是藻类、真菌、细菌等微生物、昆虫和一些其他无脊椎动物具有一系列去饱和酶(desaturase，DS)和延长酶(elongase，EL)等活性物质，能够从头合成PUFA。由于鸡缺乏 Δ^9 以上的脱饱和酶，肝或脂肪组织中不能合成多不饱和脂肪酸，家禽中的多不饱和脂肪酸尤其是必需脂肪酸只能来源于饲料和食物。这就说明，如果鸡能从环境中获得多不饱和脂肪酸，尤其是亚油酸、α-亚麻酸以及长链多不饱和脂肪酸，则可以增加这些脂肪酸在肌肉中的沉积，改善风味。

表 2-6 不同品种鸡汤感官评分比较

评价指标	雪山鸡汤		817 肉鸡汤		苏北土鸡汤	
	宰后 0.5 h	宰后 24 h	宰后 0.5 h	宰后 24 h	宰后 0.5 h	宰后 24 h
色泽	9.14 ± 0.07^{A}	8.98 ± 0.07	8.51 ± 0.09^{bB}	8.94 ± 0.02^{a}	9.04 ± 0.11^{A}	9.02 ± 0.06
滋味	8.54 ± 0.19^{B}	8.56 ± 0.16^{B}	7.32 ± 0.10^{C}	7.58 ± 0.12^{C}	9.00 ± 0.03^{A}	9.06 ± 0.02^{A}
香气	8.16 ± 0.06^{B}	8.32 ± 0.07^{B}	6.72 ± 0.15^{C}	7.02 ± 0.10^{C}	9.00 ± 0.03^{A}	8.94 ± 0.05^{A}
肉质	8.42 ± 0.07^{bA}	8.94 ± 0.05^{aA}	3.84 ± 0.17^{B}	3.66 ± 0.16^{C}	8.22 ± 0.15^{C}	8.52 ± 0.07^{B}
浮油	4.30 ± 0.20^{B}	4.38 ± 0.12^{B}	4.46 ± 0.12^{B}	4.50 ± 0.11^{B}	5.64 ± 0.09^{A}	5.52 ± 0.14^{C}
总分	8.05 ± 0.07^{B}	8.16 ± 0.07^{B}	6.62 ± 0.06^{C}	6.84 ± 0.06^{C}	8.59 ± 0.30^{A}	8.61 ± 0.30^{A}

注：①同行数据中，肩标不同小写字母表示相同品种不同宰后时间差异显著（$P<0.05$）；同行数据中，肩标不同大写字母表示不同品种同一宰后时间差异显著（$P<0.05$）。

②引自王炜等，2012。

表 2-7 不同品种鸡汤中风味核苷酸的含量比较

μg/mL

核苷酸	雪山鸡汤		817 肉鸡汤		苏北土鸡汤	
	宰后 0.5 h	宰后 24 h	宰后 0.5 h	宰后 24 h	宰后 0.5 h	宰后 24 h
胞苷酸(CMP)	34.04 ± 1.07^{B}	34.70 ± 4.63^{A}	32.90 ± 3.41^{aB}	28.99 ± 1.00^{bB}	57.58 ± 1.77^{aA}	33.30 ± 1.87^{bA}
鸟苷酸(GMP)	9.53 ± 0.12	9.43 ± 0.21^{A}	9.62 ± 0.09^{aA}	9.42 ± 0.11^{bA}	9.94 ± 1.26	9.14 ± 0.12^{B}
肌苷酸(IMP)	80.52 ± 6.88^{aB}	47.15 ± 17.68^{bAB}	55.98 ± 14.28^{aC}	36.97 ± 4.45^{bB}	160.89 ± 18.53^{aA}	59.26 ± 8.49^{bA}
腺苷酸(AMP)	27.70 ± 0.83^{B}	24.99 ± 2.66	25.19 ± 1.75^{aC}	23.00 ± 0.56^{b}	37.27 ± 1.98^{aA}	23.72 ± 0.99^{b}

注：①同行数据中，肩标不同小写字母表示相同品种不同宰后时间差异显著（$P<0.05$）；同行数据中，肩标不同大写字母表示不同品种同一宰后时间差异显著（$P<0.05$）。

②引自王炜等，2012。

表 2-8　某些饲料的脂肪含量及脂肪酸成分

饲料	脂肪/%	C14:0	C16:0	C18:0	C18:1	C18:2	C18:3
大麦	3.5	0.2	19.8	0.7	10.4	44.2	4.5
燕麦	5.8	0.2	14.7	1.0	27.7	35.2	1.6
裸燕麦	11.0	0.2	13.8	0.9	36.4	34.7	1.0
豆饼粉	3.1	0.4	18.3	4.2	15.9	51.8	6.8
豌豆	2.3	0.2	12.6	2.2	13.9	40.3	6.8
大豆油	100	—	10.0	2.0	29.0	51.0	7.0
菜籽油	100	0.3	3.9	1.9	64.1	18.7	9.2
油菜籽	41.4	0.1	4.7	1.6	50.2	21.8	9.1
葵花籽	31.2	0.1	7	6.3	22.2	61.6	0.4
玉米油	100	1.0	12.2	2.2	27.5	57.0	0.9
芝麻油	100	—	12.4	3.3	41.6	40.8	1.9
花生油	100	0.1	11.6	3.1	46.5	31.4	1.5
红花油	100	0.1	6.5	2.4	13.1	77.7	—
亚麻籽	100	0.1	6.6	4.9	20.5	14.6	51.9
棕榈油	100	12.0	8.3	2.2	23.6	4.0	0.1
椰子油	100	—	9	5	8.0	3.0	—
动物脂肪	100	1.8	23.6	13.3	38.8	6.0	0.5
猪油	100	—	21.9	12.2	49.9	10.5	2.1
牛脂	100	3.5	25.5	21.6	38.7	2.2	0.6
鸡脂	100	1.5	23.2	6.4	41.6	18.9	1.3
鲱鱼油	100	9.3	15.2	2.7	19.5	1.8	1.8

二、衡量鸡蛋产品品质的指标

鸡蛋由于富含蛋白质、脂类、各种必需维生素(维生素 C 除外)和微量元素等营养成分,而且具有低能量、爽口、易消化的特点,与牛奶、肉、鱼一起均为高蛋白食品,具有较高的营养价值,能够满足人类营养需要。

蛋的品质包括蛋的外部品质和内部品质两方面:外部品质包括蛋壳质量(蛋壳强度、蛋壳结构、蛋壳颜色)、蛋重、蛋形指数;内部品质包括蛋白品质(蛋白高度、哈氏单位、蛋白 pH)、蛋黄品质(蛋黄颜色、蛋黄膜强度)以及其他指标(化学成分、蛋的功能特性、血斑和肉斑、滋味和气味、卫生指标)。蛋的外部品质虽然不能食用,但会影响鸡蛋的运输、储存以及消费者的购买欲;同时,好的内部品质也十分重要,尤其是在生产蛋白产品的时候。

(一)蛋的外部品质

胚胎发育所需要的营养不仅来自蛋黄,而且来自蛋白和蛋壳。蛋壳除了提供营养,还具有气体交换和抵抗外界微生物侵袭等作用。蛋壳的通透性(与蛋壳空隙的数量、大小和深度密切相关)对于蛋的孵化十分重要,它是胚胎发育过程中气体交换以及水分蒸发的场所,通透性差会影响胚胎气体交换与水分蒸发,从而影响孵化率。蛋壳过厚、气孔较少,通透性差,透过蛋壳的 CO_2 和 O_2 交换量减少,导致胚胎死亡。蛋壳气孔的数量相对较少可能是由于钙化和蛋壳膜结构异常综合作用的结果。

1. 蛋重

蛋重是评定母鸡产蛋性能和营养物质含量的重要指标,受遗传因素影响较大。刚开产、产蛋高峰(30 周龄)、产蛋后期(65 周龄),蛋重的遗传力分别为 0.3、0.6、0.3。蛋重与产蛋量在遗传上呈负相关(−0.4)。

一般来说,蛋重受母鸡体重的影响,中型褐壳蛋鸡比轻型白壳蛋鸡产的鸡蛋大。蛋重还受母鸡开产体重的影响,体重大,开产蛋重量大;体重小,开产蛋重量小。鸡蛋大小随鸡年龄增加而提高,白壳蛋增加速度快于褐壳蛋。散养鸡的蛋重显著低于笼养鸡的蛋重。鸡蛋储存后,由于水分的蒸发,蛋重不断减轻。

2. 蛋形指数

蛋形指数是鸡蛋的纵横轴之比,用游标卡尺分别测量纵横轴长度,计算蛋形指数。蛋形指数大小主要取决于输卵管峡部构造和输卵管壁的生理状态,蛋形指数过大或者过小均不宜,鸡蛋的蛋型指数一般为 1.32～1.39,标准蛋型为 1.35。蛋形指数对鸡蛋的耐压能力有一定影响,适当的蛋形指数可减少破蛋和裂纹蛋。

种蛋的形状对孵化率具有重要影响,种蛋过长(即蛋形指数过小),气室较小,常在孵化后期因空气不足而发生窒息,或出壳前因胚胎转胚困难而死亡。种蛋过圆(即蛋形指数过大),气室较大,水分蒸发较快,孵化后期常因缺水而死亡。不同品种鸡孵化最佳的蛋形指数不同,一般要求蛋形为卵圆形,蛋形指数为 1.20～1.58(长径/短径),种蛋蛋形指数为 1.35(1.32～1.39)孵化率最高,目测的感觉也最好。但是,蛋形指数对孵化率的影响因鸡的品种、品系不同而有差别,选择蛋形指数应符合本品种的标准,海兰褐种蛋适宜的蛋形指数为 1.20 以上。

蛋形指数与品种有关,通常地方鸡蛋重小,蛋形指数大;蛋形指数与周龄有关,随蛋鸡周龄的增大而提高;蛋形指数与饲养方式有关,散养鸡蛋蛋形指数比笼养鸡蛋大。

3. 蛋壳厚度

蛋壳厚度是指蛋壳的致密度,测定蛋壳厚度可采用专门的蛋壳厚度测定仪或游标卡尺,采用后者应注意取样面积尽量小,测定时去除蛋壳内膜,取蛋的大头、小头和中间三个位点，以其平均值作为蛋壳厚度，一般为0.3～0.4 mm。不同品种（或品系）的鸡蛋壳性状存在一定的差异，蛋壳厚度不同。快羽鸡所产蛋的蛋壳比慢羽鸡所产蛋的蛋壳厚。蛋鸡开产后，随着年龄的增长，蛋也逐渐增大，在整个产蛋期，随着蛋重增加，表面积增大，而蛋壳的重量保持相对稳定，蛋壳变薄，破蛋比例增大。产蛋鸡在235日龄左右产的蛋，蛋壳质量最佳，蛋的破损率也最低。随着产蛋周龄的增长，蛋壳会逐渐变薄，特别是接近产蛋终末时表现更明显。

高温会导致蛋壳厚度降低，蛋破损率增加。蛋鸡在高温环境下，采食量下降，相应降低了钙的摄入量，同时高温会使蛋鸡呼吸加快，血液中的pH升高，乳酸在血液中凝聚，血液中的游离钙急剧下降，进而使蛋壳的品质下降。此外，在高温环境下，蛋鸡甲状腺机能降低，增加向子宫输入的钙量，也会导致蛋壳质量下降。因而，夏季蛋壳品质下降，尽管在日粮中补充更多的钙也只能得到部分补偿，这种温度效应是造成蛋壳品质季节性差异的主要原因。温度超过32℃将降低蛋壳质量，环境温度增加越明显，蛋壳质量下降越快，循环温度有助于减轻热环境对蛋壳质量的不良影响。反之，当气温低于－12℃时，蛋鸡采食量也减少，蛋壳也会变薄、变脆。在高温的环境中，如果相对湿度上升，鸡的采食量更少，钙吸收量减少，以致血液中钙含量也相继减少，于是蛋壳的钙含量也下降。湿度可加重温度给蛋鸡造成的不良影响。温度在29.5℃时，相对湿度从70%降至25%，有助于蛋壳质量的改善。

光照不足会导致产软壳蛋，每天的光照时间要保证在14 h以上。光照强度以5～10 lx为宜，光照过强易引起鸡不适，使破蛋率增加。此外，光照周期长短也影响到蛋壳质量。有报道称，蛋壳厚度在光照周期长度24～28 h下呈直线增加，超过28.5 h则急剧下降。光照强度突然增强，会使蛋壳品质下降，破损蛋增加；暗淡的光线，有助于保持舍内安静，对蛋壳形成有利。在蛋壳形成前的几个小时，如正值光期，则裂纹蛋产生较多；鸡舍光照在15～17 h情况下，蛋壳于暗期形成，蛋壳品质较好。光照时间缩短，也可改善蛋壳品质，减少破损蛋的发生。

饲养密度过大易引起严重的应激，蛋壳表面会出现“溅钙”现象，使蛋壳品质下降，同时易使空气中氨的浓度升高，空气中高浓度的氨气会引起呼吸道感染而降低蛋壳质量。一般鸡的饲养密度为15～25只/m^2，中型鸡饲养密度比轻型鸡小，夏季饲养密度比冬季小。减少鸡笼内每只母鸡的空间分配会导致更多的破碎蛋，同时降低产蛋量和饲料报酬，增加死亡率。此外，当鸡处于应激状态，如噪声、寒冷刺激、疫苗接种等都会影响肠道对营养物质的吸收利用和子宫钙化过程，妨碍蛋壳的正常形成，出现畸形蛋、薄壳蛋、软壳蛋或无壳蛋等。

此外，疾病因素是影响蛋壳质量的最重要因素之一。新城疫可导致卵巢炎和输卵管炎，使输卵管部正常分泌功能失常，导致钙的沉积不完全，不能在卵通过输卵管子宫部的正常时间里形成蛋壳，导致薄壳蛋。减蛋综合征病毒侵害输卵管狭部蛋壳分泌部，导致黏膜分泌功能紊乱，由于酸度的升高，溶解大量的钙质，蛋壳形成受到阻碍，从而导致蛋壳形成紊乱而出现异常蛋壳，无壳蛋、软壳蛋比例上升。许多细菌病也影响蛋壳的质量，如大肠杆菌、沙门氏菌、梭菌等，它们通过在肠道内大量繁殖使肠道菌群失调，消化吸收功能下降，导致钙量不足；另外，细菌可引起输卵管、子宫部的炎症，使钙沉积及色素沉着受到影响，导致蛋壳质量下降，蛋壳变浅。

4. 蛋壳强度

蛋壳强度是指蛋壳对碰撞和挤压的承受能力，是衡量蛋壳坚固程度的重要指标，一般以 3.5～4.0 kg/cm^2 为理想。它与蛋壳厚度、蛋壳的多孔性、蛋壳膜的厚度、蛋壳的矿物质含量和蛋白基质直接相关，与蛋品的新鲜度、经济价值间接相关。蛋壳质量依赖于组成蛋壳不同沉积层之间的平衡，其中每一层都有增强蛋壳强度的作用。不同品种鸡的蛋壳强度也不相同。白来航鸡蛋的蛋壳强度比褐壳鸡小，高产蛋鸡的蛋壳强度比低产鸡的小，进口品种鸡的蛋壳强度比本地鸡的小（表 2-9）。

表 2-9　8 个蛋鸡品种鸡蛋外部品质比较

品种	蛋重/g	蛋形指数	蛋壳厚度/mm	蛋壳强度/(kg/cm^2)
罗曼褐	48.73 ± 3.70^{bc}	1.29 ± 0.04^{bc}	0.37 ± 0.02^{cd}	3.95 ± 0.07^{bc}
京红 1 号	53.03 ± 6.84^{ce}	1.28 ± 0.04^{ab}	0.36 ± 0.02^{bc}	4.07 ± 0.54^{bc}
海兰褐	51.30 ± 3.23^{cde}	1.28 ± 0.03^{abc}	0.36 ± 0.02^{abc}	3.44 ± 0.61^{a}
新扬褐	50.56 ± 2.96^{cd}	1.27 ± 0.06^{ab}	0.36 ± 0.02^{abc}	3.75 ± 0.83^{ab}
海赛克斯褐	48.26 ± 3.13^{b}	1.26 ± 0.04^{a}	0.36 ± 0.03^{cd}	4.20 ± 0.76^{c}
伊莎褐	50.23 ± 3.62^{bcd}	1.28 ± 0.04^{abc}	0.36 ± 0.02^{cd}	3.91 ± 0.87^{bc}
仿土蛋鸡	37.92 ± 3.30^{a}	1.32 ± 0.06^{d}	0.34 ± 0.02^{a}	4.04 ± 0.69^{bc}
苏禽青壳	39.25 ± 3.87^{a}	1.31 ± 0.07^{cd}	0.35 ± 0.02^{ab}	3.82 ± 0.64^{abc}

注：①同行数据中，肩标不同小写字母表示差异显著（$P<0.05$）。
②引自蒲俊华等，2012。

5. 蛋比重

蛋比重是指鸡蛋的重量和体积比，通过将蛋逐级放入配制好的盐水中，能使蛋处于悬浮状态的最小盐水比重。蛋的比重与蛋壳厚度成正比，比重越高，蛋壳越厚。早上产的鸡蛋蛋壳比率高，鸡蛋大，鸡蛋的比重也大。

6. 蛋壳颜色

蛋壳颜色用反射记数率表示，记数率大小反映蛋壳颜色的深浅程度。蛋壳颜色是子宫中腺体分泌和沉积棕色素的结果，于产蛋前 4～5 h 形成。棕色素化学成分为棕色素卟啉，蛋壳色素的生物合成途径和机理很复杂，3 种主要的蛋壳色素是原嘌啉和胆绿素及其锌螯合物。蛋壳色素来源于血红蛋白分解物，与衰老、受损和形态异常的红细胞的破坏有关。当红细胞在肝、脾和其他部位的网状内皮系统被吞噬细胞破坏后，释放出血红蛋白，并很快就分解为珠蛋白、胆绿素和铁。也有报道称，蛋壳腺是蛋壳卟啉生物合成的场所。蛋壳卟啉在鸡的蛋壳腺中是由 δ-氨基乙酰丙酸合成的。蛋壳色素沉积持续于整个蛋壳形成期，但在产蛋前 3～5 h 沉积速度加快。色素的沉积缘于蛋壳腺黏膜分泌的釉质，任何影响蛋壳腺分泌细胞合成釉质的因素均可影响蛋壳色素的沉着。蛋壳色素随鸡龄的增加而减少，在 39～40 周龄后色素的变化更加明显。蛋壳颜色有较高的遗传力（$h=0.58 \sim 0.76$），并与产蛋量和其他鸡蛋质量性状没有负相关。蛋壳颜色与厚度有关，褐色蛋壳最厚，厚度为 0.40 mm；奶黄色的最薄，为 0.37 mm；其他颜色的均为 0.39 mm。

蛋壳颜色影响孵化效果，受精率和孵化率以褐壳蛋最高（88.8%和 86.27%），其次是斑褐色（82.2%和 77.27%），再次是粉色蛋（78.1%和 74.83%），奶黄色蛋最低（74.17%和 67.27%）；健雏率也以褐壳蛋最高（100%），其次为斑褐色蛋（98.4%）和奶黄色蛋（97.7%），粉色蛋（95.2%）较低。因此，褐壳蛋鸡种蛋孵化最佳，而粉色蛋和奶黄色蛋不宜作为种蛋。

不同的蛋壳颜色也影响蛋壳品质和内部品质，对同等条件下饲养的 40 周龄蛋鸡蛋品质对比表明，绿壳鸡蛋蛋壳厚度比其他品种的鸡蛋要薄，但是蛋壳强度与蛋壳比例没有显著差异，这说明绿壳鸡蛋的蛋壳更加致密（表 2-10）。褐壳、白壳、绿壳蛋鸡品种的蛋壳颜色变异性较小，而粉壳鸡蛋蛋壳颜色差异大，需要在蛋壳颜色遗传改良上进一步提高蛋壳颜色的均匀度。蛋黄比例在各品种间则差异显著，绿壳鸡蛋蛋黄比例最高，其次是白壳鸡蛋、粉壳鸡蛋，最低的是褐壳鸡蛋。绿壳鸡蛋的哈氏单位显著低于白壳、褐壳、粉壳鸡蛋。

表 2-10　不同品种蛋鸡的蛋品质比较

指标	褐壳	绿壳	白壳	粉壳
蛋重/g	63.3 ± 3.83^{a}	53.69 ± 3.65^{c}	61.25 ± 4.16^{b}	62.46 ± 4.49^{ab}
蛋形指数	1.30 ± 0.04^{c}	1.35 ± 0.05^{a}	1.36 ± 0.044^{a}	1.32 ± 0.06^{b}
蛋壳颜色	30.48 ± 3.61^{d}	62.76 ± 3.89^{b}	77.44 ± 2.04^{a}	56.44 ± 5.02^{c}
蛋壳强度/(kg/cm^2)	4.25 ± 0.87	4.24 ± 1.014	4.02 ± 0.79	4.38 ± 0.71
蛋白比例/%	62.31 ± 3.98^{a}	57.13 ± 1.79^{c}	60.22 ± 4.86^{b}	60.65 ± 2.33^{b}
蛋黄比例/%	24.65 ± 3.99^{c}	29.47 ± 1.62^{a}	26.44 ± 4.33^{b}	26.03 ± 1.64^{b}
蛋壳比例/%	13.04 ± 1.00	13.40 ± 1.20	13.34 ± 1.05	13.32 ± 1.43
哈氏单位(HU)	89.46 ± 10.79^{a}	81.561 ± 8.83^{b}	86.76 ± 8.55^{a}	85.71 ± 8.06^{a}

续表 2-10

指标	褐壳	绿壳	白壳	粉壳
蛋黄颜色	6.84±0.55	6.98±0.68	6.96±0.57	6.82±0.72
蛋壳厚度/μm	390.93±20.61[a]	289.59±20.53[b]	384.10±21.3[a]	386.73±23.44[a]

注：①同行数据中，肩标不同小写字母表示差异显著($P<0.05$)。

②表中数据是平均值±标准差($n=50$)。

③引自徐桂云等，2003。

蛋壳颜色受疾病和应激的影响。当发生呼吸道疾病，输卵管黏膜受损，导致蛋壳腺萎缩。所有与呼吸道有关的疾病（新城疫、减蛋综合征、肾传支、鸡白痢等）都可影响褐壳蛋的蛋壳颜色。此外，各种应激因素如高的饲养密度、高分贝噪声等均会引起肾上腺素分泌。当肾上腺素被释放进入血液，产卵会迟滞，蛋壳腺釉质的合成也会受到抑制，从而造成母鸡神经紧张，蛋壳色度下降，颜色变浅。当鸡笼设计不合理，开放式鸡笼比封闭式鸡笼更易导致应激发生，导致蛋壳颜色变白。此外，随着蛋鸡年龄的增长，蛋壳色素沉着的强度降低，蛋壳颜色逐渐变浅。老龄母鸡蛋壳颜色变浅主要是因为蛋重增加的缘故。

（二）内部品质

1. 蛋白

蛋白质量是鸡蛋新鲜度的重要物质基础，用蛋白高度、蛋白 pH、哈氏单位 3 个指标来衡量鸡蛋新鲜度。蛋白的量与产蛋时间有关，早上产的鸡蛋蛋白多；日粮粗蛋白质含量影响稀蛋白面积，日粮粗蛋白质为 20%时稀蛋白的量比日粮粗蛋白质为 18%和 16%时要高。同时发现，提高日粮粗蛋白质含量可以使蛋重提高。褐壳蛋相对白壳蛋来说，拥有更多的蛋白比率、蛋壳比率与更少的蛋黄比率。不同品种蛋鸡鸡蛋内部品质的比较见表 2-11。

蛋白根据浓度的不同可以由内而外分为内浓蛋白层、内稀蛋白层、外浓蛋白层和外稀蛋白层。蛋白中的蛋白质为混合蛋白质，主要成分为卵黏蛋白（54%）、卵转铁蛋白（12%）、黏卵类蛋白（11%）、卵球蛋白等。卵黏蛋白是蛋白凝胶状结构的关键性成分，卵黏蛋白是维持蛋白浓厚、蛋白高度和蛋白黏性的最主要原因。赵超等（2006）认为，不同蛋鸡品种的鸡蛋蛋白中蛋白质特性和韧性存在显著的种间差异（表 2-12 和表 2-13）。

有研究认为蛋白质随着浓度的增加，凝胶硬度升高，是蛋清蛋白或卵黏蛋白热变性和凝聚过程中分子间 β-折叠结构交联导致的。杨双等（2015）的研究表明，随着蛋白液干物质含量的增加，制作的鸡蛋黏性、硬度、咀嚼性随之增大；蛋白液浓度过高导致鸡蛋太干、质地太硬，浓度过低导致鸡蛋松软、粘牙。

蛋白中稀蛋白的黏度与水相近，流变性不随储存时间改变，因此稀蛋白黏性一般不作为蛋白新鲜度的指标。浓蛋白和稀蛋白的黏度随温度的升高而降低。不同品种鸡蛋熟蛋白韧性（最大剪切力、单位面积最大剪切力、单位面积剪切力用功）结果见表 2-13。

表 2-11　不同蛋鸡品种鸡蛋内部品质的比较

指标	农大褐 3 号蛋鸡	沧州柴鸡	京白 939 蛋鸡	绿壳蛋鸡	海兰褐蛋鸡
蛋重/g	60.90±0.96[a]	46.38±2.13[c]	58.41±1.86[b]	48.41±1.35[c]	55.77±0.52[b]
哈氏单位(HU)	68.49±2.22[c]	74.16±1.03[b]	76.20±1.60[b]	72.30±0.87[b]	85.10±1.19[a]
蛋清含水量/%	87.21±0.97	87.15±0.57	87.69±0.80	87.67±0.92	87.96±1.21
蛋黄含水量/%	50.37±0.92	49.76±0.77	50.60±0.85	50.53±2.37	49.73±0.38
蛋清中蛋白质含量/%	10.76±0.25[b]	9.62±0.54[c]	10.36±0.39[b]	10.58±0.27[b]	11.66±0.38[a]
蛋黄中蛋白质含量/%	15.07±0.21[b]	16.68±0.29[a]	14.25±0.21[b]	16.71±0.34[a]	16.27±0.22[b]
蛋黄比例/%	29.32±1.65[b]	31.73±0.97[a]	26.16±1.64[b]	30.26±0.89[a]	27.79±1.13[b]

注：①同行数据中，肩标不同小写字母表示差异显著($P<0.05$)。

②引自赵超等，2006。

表 2-12　不同蛋鸡品种鸡蛋蛋白中蛋白质特性的比较

组别	外稀蛋白			内稀蛋白			浓蛋白		
	黏度/g	黏附性/(g. sec)	黏丝性/mm	黏度/g	黏附性/(g. sec)	黏丝性/mm	黏度/g	黏附性/(g. sec)	黏丝性/mm
农大 3 号	22.97±3.85[b]	8.47±1.17	5.45±1.13[b]	23.45±2.35[b]	8.80±0.83[a]	6.06±0.78[a]	26.83±3.86[a]	22.67±5.46[a]	17.48±3.12[a]
寿光鸡	21.66±2.17[b]	8.85±1.82	5.88±1.36[a]	24.78±3.33[ab]	8.52±0.74[a]	5.69±0.88[a]	26.62±3.60[a]	23.62±6.85[a]	17.37±5.75[a]
农大黄鸡	26.69±4.68[a]	9.04±0.74	5.58±0.55[b]	25.68±4.19[a]	8.05±0.76[b]	5.06±1.10[b]	25.19±2.86[b]	16.82±5.95[b]	11.10±5.03[b]
北京油鸡	24.98±2.92[b]	8.91±1.79	5.75±1.48[a]	23.05±3.47[b]	8.72±1.17[a]	6.20±1.10[a]	25.77±2.85[a]	24.92±6.36[a]	17.91±6.34[a]

注：①同列数据中，肩标不同小写字母表示差异显著($P<0.05$)。

②引自杨双等，2015。

表 2-13　不同蛋鸡品种鸡蛋熟蛋白韧性检测结果

组别	最大剪切力/N	单位面积最大剪切力/(N/m²)	单位面积剪切用功/(kg/f)
农大 3 号	95.54±26.82[ab]	2.24±0.93[b]	5.78±1.82
寿光鸡	108.09±29.52[a]	2.58±1.12[b]	6.34±2.57
农大黄鸡	96.05±30.73[ab]	3.03±1.61[a]	6.77±2.98
北京油鸡	88.35±28.55[b]	2.26±0.95[b]	5.59±2.04

注：①同列数据中，肩标不同小写字母表示差异显著($P<0.05$)。

②引自杨双等，2015。

(1)蛋白高度　是评价鸡蛋内部品质的指标之一，将蛋打在蛋白高度测定仪的玻璃板上，用测定仪在浓蛋白较平坦的地方取两点或三点，求其平均值(单位为 mm)。

蛋白高度的决定因素还没有完全弄明白。对于蛋白的黏性降低时内部发生的变化尚知之甚少，但卵黏蛋白在这中间起着重要作用，同时很可能还有卵清蛋白的参与。蛋白高度的降低在不同程度上归结于卵黏蛋白的蛋白质水解、二硫键的断裂、与溶解酵素的互作以及 α 和 β 卵黏蛋白之间互作的变化，而具体原因还没有清楚的偏向。稀蛋白的低黏度可能是由于蛋在输卵管的蛋壳腺内停留了多于正常的时间(例如，蛋滞留)，从而吸收了较多水分造成的。

蛋白高度与蛋鸡品种有关，褐壳蛋鸡的蛋白高度低于白壳蛋鸡，未经选择的褐壳鸡蛋的蛋白高度比经过选择的商品化鸡的低，白来航母鸡蛋白高度遗传力为 0.48；蛋白高度受母鸡年龄的影响，随母鸡年龄增加，蛋重和总蛋白重量增加，蛋白高度下降；蛋白高度与饲养环境有关，环境中高浓度的氨可显著使蛋白高度降低；蛋白高度与存储时间和温度有关，蛋白高度随储存时间的延长而降低，并且在高温环境下，下降速度更快。

(2)哈氏单位　也叫哈夫单位，是衡量鸡蛋蛋白品质的重要指标，是表示蛋的新鲜度和蛋白质量的指标。因为蛋白高度越高则鸡蛋越新鲜，但是蛋白高度与鸡蛋大小有关。因此，用哈氏单位来衡量鸡蛋的新鲜度。哈氏单位越高，表示蛋白黏稠度越好，浓蛋白越多，蛋越新鲜，蛋白品质越高。哈氏单位的范围为30～100，品质分级标准为：AA 级哈氏单位>72，A 级哈氏单位为 60～72，B 级哈氏单位<60。在储存过程中哈氏单位会降低。

有许多因素可以影响哈氏单位，包括蛋鸡品种、母鸡年龄、储存时间长短、温度高低、蛋的大小、营养水平(日粮蛋白质和氨基酸组成等，赖氨酸、蛋氨酸、饲用酶、谷物种类/蛋白质源)、疾病(传染性支气管炎)、添加剂的使用(抗坏血酸维生素 C、维生素 E)、氨气浓度高低、是否进行强制换羽、某些药物的应用等。

蛋鸡品种会影响哈氏单位。海兰褐蛋鸡鸡蛋的哈氏单位显著高于农大褐三号蛋鸡、京白 939 蛋鸡、绿壳蛋鸡和沧州柴鸡鸡蛋的哈氏单位。除了品种，产蛋年龄也会影响哈氏单位。年轻蛋鸡所产蛋的哈氏单位优于年老蛋鸡，且随年龄增长呈不断下降的趋势，而在相同年龄的产蛋鸡群间，产蛋率高的鸡群所产蛋的哈氏单位较高。

不同储存时间、温度都会影响哈氏单位，哈氏单位还受蛋壳品质的影响（表 2-14），但如果用干冰（二氧化碳）对鸡蛋进行快速降温，能提高蛋的哈氏单位。4℃、80％的湿度条件下储存 10 周后，哈氏单位在低温储存由 82.59 降低至 67.43。在 5℃、21℃、29℃下存放 10 d，测得哈氏单位分别为 76.3、53.7 和 40.6。

表 2-14　砂壳鸡蛋和正常鸡蛋的哈氏单位

储存时间/d	正常鸡蛋	砂壳鸡蛋
3	66.8 ± 5.4^{a}	60.9 ± 4.7^{a}
7	55.9 ± 4.2^{abc}	62.0 ± 3.0^{a}
11	58.4 ± 4.0^{ab}	52.8 ± 2.5^{ab}
16	42.1 ± 3.2^{d}	47.9 ± 3.8^{b}
21	45.0 ± 4.1^{bcd}	45.5 ± 2.6^{b}
28	49.5 ± 2.6^{cd}	51.9 ± 4.7^{ab}
36	43.2 ± 2.0^{Bb}	51.1 ± 2.6^{Aab}

注：①同行数据中，肩标不同小写字母表示差异显著（$P<0.05$）；同列数据中，肩标不同大写字母表示差异显著（$P<0.05$）。

②引自白修云等，2013。

（3）蛋白 pH　蛋白高度和哈氏单位都随储存时间的延长而降低，并且在高温环境下这一下降速度更快。蛋白高度会因为母鸡的年龄和品系而产生偏差，而蛋白 pH 不会。刚产出的鸡蛋蛋白 pH 为 7.6，储存后升高至 9.5，蛋白 pH 随储存时间的增加而升高，而鸡龄对其影响很小，因此建议用蛋白 pH 测量鸡蛋的新鲜度。

2. 蛋黄

蛋黄的质量包括蛋黄比例、蛋黄颜色和包围蛋黄的卵黄膜强度。蛋黄比例与品种有关，高产蛋鸡蛋重大，蛋黄比例低，地方品种鸡蛋黄比例高于高产蛋鸡品种（表 2-15）。

表 2-15　不同品种蛋鸡初产蛋哈氏单位、蛋黄颜色、蛋黄质量、蛋黄比率比较

品种	哈氏单位	蛋黄颜色	蛋黄质量/g	蛋黄比率/％
罗曼褐	82.56 ± 4.09^{abc}	9 ± 1.40^{b}	11.00 ± 0.79^{b}	22.61 ± 1.28^{cd}
海兰褐	88.26 ± 8.28^{d}	9 ± 1.72^{ab}	11.14 ± 0.71^{b}	21.77 ± 1.50^{bc}
海赛克斯褐	84.11 ± 4.87^{bc}	8 ± 1.14^{ab}	11.02 ± 0.86^{b}	22.89 ± 1.91^{d}
伊莎褐	81.43 ± 6.74^{ab}	8 ± 1.22^{ab}	10.67 ± 0.58^{b}	21.32 ± 1.56^{b}
京红褐	88.90 ± 5.17^{d}	9 ± 1.54^{ab}	10.57 ± 0.86^{b}	20.16 ± 2.28^{a}

续表 2-15

品种	哈氏单位	蛋黄颜色	蛋黄质量/g	蛋黄比率/%
新扬褐	85.07±8.27[c]	8±1.24[a]	10.92±0.66[b]	21.65±1.51[bc]
苏禽青壳蛋鸡	79.51±5.56[a]	9±1.54[ab]	9.95±1.30[a]	27.93±2.12[f]
文昌鸡	81.66±5.28[abc]	9±1.49[ab]	10.99±1.79[b]	26.22±2.02[e]

注：①同列数据中，肩标不同小写字母表示差异显著（$P<0.05$）。

②引自杜秉全等，2012。

（1）蛋黄颜色　蛋黄颜色深浅是蛋黄品质和食品蛋等级的重要指标之一。蛋黄颜色是由饲料中的氧化类胡萝卜素（胡萝卜素、隐黄素和叶黄素）含量决定。

蛋黄的颜色主要受遗传的影响和饲料中着色物质的影响。不同品种鸡的蛋黄色素沉积上存在差异。一般来说，地方品种鸡蛋黄颜色深，高产蛋鸡蛋黄颜色浅。

（2）卵黄膜强度　如果卵黄膜很弱，蛋黄就比较容易破裂。卵黄膜是蛋白、蛋黄分离的保证，卵黄膜强度是生产高品质蛋清的主要因素。卵黄膜的化学变化会以膜强度之类的物理变化显现出来。

储存时间对卵黄膜的强度有影响。在长期冷冻保存中卵黄膜破碎强度存在差异，蛋黄膜的强度随储存时间延长而下降。当蛋在0℃中储存了70 d，卵黄膜强度会降低2.3%，近期有研究认为，卵黄膜强度在保存过程中减少6%。卵黄膜变形和弹性随冷藏时间延长而降低。

（3）蛋黄的口感　是影响鸡蛋食用品质的重要指标，蛋黄口感包括硬度、弹性、凝聚性、胶黏性和咀嚼性见表2-16。其中，咀嚼性是衡量蛋黄口感的综合指标，咀嚼性越高，表明口感越差。

表 2-16　熟蛋黄质构指标

项目	定义
硬度	样品达到一定变性时所必需的力
弹性	物体在外力作用下发生形变，当撤去外力后恢复到原来状态的能力
凝聚性	表示形成食品所需内部结合力的大小
胶黏性	将半固体的食品咀嚼成吞咽时所需的能量，胶黏性＝硬度×凝聚性
咀嚼性	将固态食品咀嚼成吞咽时的稳定状态所需的能量，咀嚼性＝硬度×弹性×凝聚性

注：引自屠康，2006。

目前，对蛋黄的口感研究并不多，是当今评价鸡蛋品质的一个难点。但有研究表明，口感受饲料的影响，饲料中添加过高的棉籽油会提高蛋黄硬度和弹性，造成通常说的橡皮蛋现象，还会导致咀嚼性和胶黏性升高（表2-17），造成难以下咽。

表 2-17 棉籽油对熟蛋黄质构的影响

项目	硬度	弹性	凝聚性	咀嚼性	胶黏性
对照组	$6.90^{a}\pm1.87$	$5.90^{a}\pm1.06$	$0.28^{a}\pm0.07$	$13.78^{a}\pm6.51$	$2.25^{a}\pm0.96$
1%组	$10.64^{ab}\pm7.87$	$6.78^{ab}\pm2.66$	$0.33^{ab}\pm0.16$	$41.18^{ab}\pm48.03$	$4.74^{ab}\pm4.81$
2%组	$14.62^{b}\pm8.77$	$7.55^{b}\pm2.10$	$0.40^{ab}\pm0.16$	$64.89^{b}\pm57.42$	$7.40^{b}\pm5.92$
3%组	$16.98^{b}\pm4.74$	$7.64^{b}\pm1.31$	$0.49^{b}\pm0.10$	$72.43^{b}\pm37.30$	$8.99^{b}\pm3.70$

注：①同列数据中，肩标不同小写字母表示差异显著（$P<0.05$）。

②引自白康等，2014。

3. 营养成分

(1)常规营养成分　鸡蛋的营养成分包括常规营养成分，如蛋白质、氨基酸、维生素和微量元素，即人们基于目前的认识认为所必需的营养素。鸡蛋品种多样，营养成分也各异，见表 2-18。

表 2-18 不同品种鸡蛋营养成分比较　　mg/100 g

营养成分	褐壳鸡蛋	白壳鸡蛋	粉壳鸡蛋	绿壳鸡蛋
热能/(kcal/100 g)	151	151	132	166
胆固醇	733	443	63.3	79.3
锌	1.1	1.2	1.1	1.4
硒	0.003 8	0.002 4	2.12	0.7
碘	5.16	9.4	—	23.4
钙	21	30	45.2	68
赖氨酸	884	799	1 019	994
蛋氨酸	383	375	507	451
酪氨酸	473	422	611	567
天冬氨酸	1 200	985	1 249	1 117
丝氨酸	905	823	818	791
谷氨酸	1 630	1 450	1 481	1 368
缬氨酸	761	679	919	821
异亮氨酸	614	569	747	679
亮氨酸	1 020	995	1 156	1 075
苯丙氨酸	807	783	782	731
精氨酸	744	700	857	816
蛋黄与蛋清比	1∶2.28	1∶2.07	—	1∶1.80

注：①1 kcal≈4.18 kJ。

②引自冯海鹏，1999。

鸡蛋的营养成分除受蛋鸡品种影响外，饲养方式、饲料也是影响鸡蛋营养成分的因素。笼养鸡和散养鸡蛋蛋白质和氨基酸含量没有明显差异，但是散养鸡蛋脂肪含量明显高于笼养鸡蛋。脂肪主要存在于蛋黄中，产蛋率低的鸡，生长卵泡达到成熟的时间长，即卵黄积累的过程需要的时间长，脂肪的含量可能与此有关。脂肪含量高也是农村散养鸡鸡蛋味道香的主要原因。

①ω-3 脂肪酸。随着对营养与健康认识程度越来越高，对鸡蛋中 ω-3 脂肪酸的重视程度也越来越高。由于放养鸡相比舍饲鸡来说可以通过采食野外植物、昆虫获得风味物质改善品质，一般来说，散养鸡蛋的维生素 E、长链多不饱和脂肪酸等含量高于笼养鸡蛋，而且放养鸡比舍饲鸡具有更适宜的脂肪酸组成：必需脂肪酸（亚油酸、亚麻酸）及不饱和脂肪酸（ω-3 和 ω-6）的含量很高。无草放养情况下，添加苜蓿草能改善鸡蛋蛋黄中亚油酸和亚麻酸含量（表 2-19）。近年来，国际上通过添加富含 ω-3 脂肪酸的亚麻籽、深海鱼油和藻类来提高鸡蛋中 ω-3 脂肪酸的沉积效果。

表 2-19　添加新鲜苜蓿草对放养鸡鸡蛋脂肪酸的影响

脂肪酸	试验组/(g/100 g)	对照组/(g/100 g)	*P* 值
C14	0.15±0.02	0.12±0.02	0.119
C16	9.05±0.66	8.30±0.96	0.147
C18	2.27±0.25	2.08±0.55	0.484
C18:1	15.63±1.84	16.63±1.38	0.312
C18:2	6.76±0.96	5.18±0.93	0.016
C18:3	0.28±0.06	0.13±0.03	<0.001

②叶黄素。叶黄素是类胡萝卜素，属于维生素 A 的前体，在动物和人体内可以合成维生素 A，参与功能。此外，叶黄素自身具有抗氧化作用。近年来，鸡蛋中叶黄素含量的重要性逐步被人们认识，地方鸡蛋黄中叶黄素含量高于高产蛋鸡。此外，由于叶黄素来源于青绿植物，能接触到青绿饲料或植物的放养鸡蛋黄中叶黄素含量高于笼养蛋鸡。

③胆固醇。胆固醇是维持机体正常生理功能所必需的重要物质，是脑、神经等重要组织的组成成分，可转化成维生素 D，是人类维持正常生理活动的必需物质。胆固醇主要来源于内源性合成和外源性吸收。内源性胆固醇主要在肝脏合成，外源性胆固醇由消化道从食物中摄取，吸收量受饮食结构影响，其中营养丰富的鸡蛋含有大量胆固醇，是外源性胆固醇的主要来源。

蛋黄中胆固醇含量约占蛋黄重的 4%，为 200～250 mg。蛋黄中胆固醇的含量与禽的品种密切相关。蛋鸡比肉鸡具有更高的蛋重和蛋黄胆固醇含量。各蛋鸡品种之间，蛋黄中胆固醇含量也存在一定的差异。陆俊贤等（2010）选用 40 周龄相同日粮和相同饲养管理条件下的高产黄鸡与其他品种蛋鸡为研究对象，蛋黄胆固醇的含量见表 2-20。

蛋黄中胆固醇含量与产蛋鸡年龄有关。随着产蛋期的延长，鸡蛋总重递增，每克蛋中蛋黄重递增，而每克蛋黄中胆固醇含量降低，但由于蛋黄重增加幅度超过蛋黄中胆固醇浓度降低的程度，所以随着产蛋日龄的增加，鸡蛋中胆固醇含量增加。此外，产蛋日龄、日粮构成及微量元素的添加等均对鸡蛋胆固醇含量有一定的影响。

表 2-20　不同蛋鸡品种蛋黄胆固醇的含量

蛋鸡品种	鸡蛋质量/g	蛋黄质量/g	蛋黄比率/%	胆固醇平均含量/(mg/100 g)
合成系	55.37±2.86[c]	16.56±1.35[bc]	29.97±2.79[ab]	410.06±26.07[bc]
高产黄鸡	56.66±5.87[c]	18.32±2.60[c]	32.28±2.06[b]	425.86±22.58[cd]
如皋黄鸡	54.02±4.13[c]	16.21±0.56[bc]	30.09±1.43[ab]	328.51±16.98[a]
崇仁麻鸡	51.07±3.54[bc]	16.19±1.64[bc]	31.71±2.41[b]	377.98±22.49[b]
隐性白羽	45.57±2.58[ab]	14.46±0.76[ab]	31.76±1.50[b]	409.84±13.07[bc]
柳州麻鸡	43.76±3.30[a]	14.23±0.66[ab]	32.64±2.51[b]	396.75±27.32[bc]
安纳克蛋鸡	47.73±5.78[ab]	13.18±2.75[a]	27.39±2.58[a]	452.17±34.60[d]

注：①同列数据中，肩标不同小写字母表示差异显著（$P<0.05$）。

②引自陆俊贤等，2010。

④卵磷脂。卵磷脂即来源于蛋黄中的磷脂。磷脂(phospholipid)，也称磷脂类、磷脂质，是指含有磷酸的脂类，属于复合脂。磷脂组成生物膜的主要成分，分为甘油磷脂与鞘磷脂两大类，分别由甘油和鞘氨醇构成。蛋黄中含有丰富的卵磷脂，牛奶，动物的脑、骨髓、心脏、肺脏、肝脏、肾脏以及大豆和酵母中都含有卵磷脂。卵磷脂是胆碱的供体，人体所需的外源性胆碱 90%是由卵磷脂提供。卵磷脂具有乳化、分解油脂的作用，可增进血液循环，改善血清脂质，清除过氧化物，使血液中胆固醇及中性脂肪含量降低，减少脂肪在血管内壁的滞留时间，促进粥样硬化斑的消散，防止由胆固醇引起的血管内膜损伤。

唐诗等(2014)比较北京油鸡、矮脚油鸡和白来航蛋鸡卵磷脂含量分别为(9.06±0.28)%、(8.71±0.43)%和(8.69±0.27)%。43 周龄罗曼粉壳蛋鸡和北京油鸡全蛋卵磷脂相对含量分别为(1.17±0.23)%和(1.78±0.27)%，蛋黄卵磷脂含量分别为(4.12±0.50)%和(4.88±0.80)%，全蛋卵磷脂绝对含量分别为(0.71±0.13)g 和(0.91±0.15)g，蛋黄中卵磷脂的绝对含量为(0.69±0.08)g 和(0.78±0.14)g，说明北京油鸡鸡蛋中卵磷脂含量无论是相对含量还是绝对含量均高于高产蛋鸡。

4. *初产蛋*

由于鸡蛋中营养成分是一个母鸡将积累的养分不断通过鸡蛋释放的过程。因而，鸡蛋中营养成分受到产蛋程度的影响。孙菡聪等(2009)测定了北京油鸡、白来航、海兰褐 3 个品种不同产蛋时期蛋品质的变化，发现蛋黄比例随产蛋周龄增加而上升，蛋白比例随之下降（表 2-21）。初产蛋蛋黄水分含量较高，随产蛋时间延长而下降。不同蛋鸡品种蛋黄维生素、脂肪酸和氨基酸含量随产蛋时间变化见表 2-22。

表 2-21　不同品种、不同产蛋期鸡蛋的蛋黄、蛋白比例　%

项目	产蛋期	品种		
		北京油鸡	白来航	海兰褐
蛋黄比例	初产	26.01 ± 3.04^{aB}	22.10 ± 0.76^{abB}	20.29 ± 1.75^{bB}
	42 周龄	32.47 ± 1.18^{aA}	27.25 ± 1.67^{bA}	23.92 ± 1.37^{cAB}
	70 周龄	28.44 ± 1.14^{B}	29.00 ± 1.63^{A}	26.25 ± 2.63^{A}
蛋白比例	初产	62.38 ± 2.33^{bA}	66.13 ± 1.71^{abA}	68.24 ± 2.08^{aA}
	42 周龄	56.41 ± 1.57^{bB}	62.13 ± 1.72^{aB}	65.20 ± 1.72^{aAB}
	70 周龄	60.89 ± 1.38^{A}	60.59 ± 1.83^{B}	62.98 ± 3.34^{B}

注：①同行数据中，肩标不同小写字母表示差异显著（$P<0.05$）；同列数据中，肩标不同大写字母表示差异极显著（$P<0.01$）。

②引自孙菡聪等，2009。

表 2-22　不同品种、不同产蛋期鸡蛋蛋黄维生素、脂肪酸和氨基酸含量

项目	产蛋期	品种		
		北京油鸡	白来航	海兰褐
蛋黄水分 /(g/100 g)	初产	45.42 ± 0.32^{C}	47.72 ± 0.36^{B}	49.38 ± 0.04^{A}
	42 周龄	46.03 ± 1.03	45.33 ± 2.00	47.49 ± 0.93
	70 周龄	43.93 ± 1.45^{b}	46.49 ± 0.45^{ab}	48.62 ± 0.05^{a}
维生素/(mg/100 g)				
维生素 E	初产	21.26 ± 0.69^{B}	14.71 ± 0.09^{C}	54.42 ± 12^{A}
	42 周龄	9.28 ± 0.16^{A}	6.51 ± 0.09^{B}	7.17 ± 0.53^{B}
	70 周龄	15.04 ± 0.49^{B}	12.81 ± 0.66^{B}	20.76 ± 0.41^{A}
维生素 B_2	初产	0.97 ± 0.01	0.96 ± 0.07	0.84 ± 0.03
	42 周龄	0.93 ± 0.02^{a}	0.96 ± 0.03^{a}	0.84 ± 0.01^{b}
	70 周龄	1.06 ± 0.10	0.81 ± 0.06	0.86 ± 0.03
脂肪酸/(g/100 g)				
饱和脂肪酸	初产	12.75 ± 0.13^{A}	9.95 ± 0.28^{B}	9.29 ± 0.03^{B}
	42 周龄	12.34 ± 0.37^{AB}	13.47 ± 0.27^{A}	12.15 ± 0.19^{A}
	70 周龄	11.10 ± 0.21^{B}	9.71 ± 0.21^{B}	9.83 ± 0.07^{B}
单不饱和脂肪酸	初产	14.44 ± 0.10^{A}	11.13 ± 0.39^{b}	10.96 ± 0.01^{B}
	42 周龄	13.19 ± 0.10^{B}	12.42 ± 0.28^{a}	12.66 ± 0.19^{A}
	70 周龄	12.85 ± 0.10^{B}	10.76 ± 0.21^{b}	12.64 ± 0.01^{A}

续表 2-22

项目	产蛋期	品种		
		北京油鸡	白来航	海兰褐
多不饱和脂肪酸	初产	3.94±0.07[B]	3.64±0.83[B]	5.00±0.02[B]
	42 周龄	7.44±0.51[B]	7.23±0.27[A]	7.28±0.10[A]
	70 周龄	6.09±0.08[A]	4.04±0.10[B]	3.10±0.06[C]
氨基酸/(g/100 g)				
TAA	初产	29.45±0.65[A]	15.20±0.31	14.34±0.50
	42 周龄	15.68±0.65[B]	14.86±0.10	14.88±0.20
	70 周龄	15.34±0.01[B]	15.12±0.06	15.60±0.58
EAA	初产	11.09±0.14[A]	5.83±0.12[AB]	5.54±0.21
	42 周龄	6.50±0.14[B]	6.21±0.06[A]	6.05±0.03
	70 周龄	5.69±0.03[C]	5.74±0.03[B]	5.93±0.29
EAA/TAA/%	初产	37.65±0.01[B]	38.31±0.01[B]	38.64±0.01[B]
	42 周龄	41.47±0.01[A]	41.80±0.01[A]	40.67±0.01[A]
	70 周龄	37.09±0.02[B]	38.00±0.01[B]	38.00±0.01[B]

注：①同行数据中，肩标不同小写字母表示差异显著($P<0.05$)，肩标不同大写字母表示差异极显著($P<0.01$)。

②脂肪酸数据仅限于同种比较，肩标不同小写字母表示差异显著($P<0.05$)，肩标不同大写字母表示差异极显著($P<0.01$)。

③引自孙菡聪等，2009。

杜秉全(2012)对比了8个品种蛋鸡初产蛋的营养成分，见表 2-23。

表 2-23 不同品种蛋鸡初产蛋营养成分比较

蛋鸡品种	干物质/%	粗蛋白质/%	粗脂肪/%	卵磷脂/%	胆固醇/(mg/100 g)
罗曼褐	22.59±0.04[ab]	12.74±0.88	9.65±0.74[a]	4.59±0.08[a]	357.96±5.02[ab]
海兰褐	22.82±0.83[b]	12.67±0.16	9.83±0.21[a]	4.56±0.08[a]	377.69±1.90[b]
海赛克斯褐	22.58±0.16[ab]	12.32±0.36	9.62±0.64[a]	4.53±0.17[a]	332.03±2.81[ab]
伊莎褐	22.40±0.16[ab]	12.68±0.98	9.52±0.91[a]	4.59±0.08[a]	356.41±8.74[ab]
京红褐	21.94±0.31[a]	12.29±0.08	9.17±0.32[a]	4.21±0.22[a]	360.18±2.22[ab]
新扬褐	22.15±0.10[ab]	12.61±0.68	9.39±0.75[a]	4.58±0.27[a]	329.61±2.71[a]
苏禽青壳	24.24±0.30[c]	12.84±0.11	11.13±0.47[b]	5.47±0.33[b]	464.63±9.12[c]
文昌鸡	24.43±0.32[c]	12.79±0.18	11.08±0.25[b]	5.15±0.19[b]	438.52±7.35[c]

注：①同列数据中，肩标不同小写字母表示差异显著($P<0.05$)。

②引自杜秉全等，2012。

第二节 放养对家禽产品品质的影响

虽然我国有广泛的地方品种鸡可以用于有机鸡生产，但由于有机鸡生产与笼养不同，生产性能可能有别。有机鸡生产首先考虑环境的适应性，品质的优异性，其次考虑生产性能效果。

一、放养对生长性能和屠宰性能的影响

由于放养鸡生产需要提供一定范围的活动面积，相当于一定程度的放养。围绕不同品种放养，马元等(2017)认为，青脚麻鸡和珍珠鸡在放养条件下野性、觅食性、生长发育速度优于土杂黄鸡；青脚麻鸡和珍珠鸡在野外生活抗病力强，野外放养环境的适应能力强于土杂黄鸡。

芦花鸡放养显著提高屠宰率、半净膛率和全净膛率(表 2-24)，并提高胸肌中苏氨酸、谷氨酸、缬氨酸，酪氨酸和丝氨酸含量，降低胸肌中甘氨酸、丙氨酸、组氨酸、赖氨酸和脯氨酸含量。放养还提高肌肉脂肪含量，提高 pH(表 2-25)。

表 2-24 不同饲养方式对芦花鸡屠宰性能的影响 %

项目	屠宰率	半净膛率	全净腔率	翅膀率	腿肌率
笼养组	86.32±3.66	77.14±6.72	64.85±2.57	12.71±0.81	31.78±1.25
散养组	88.89±2.29	79.14±2.42	66.55±2.52	11.48±0.49	29.53±1.19

注：引自刘艳丰等，2017。

表 2-25 散养对肉品质的影响

性状	散养组	笼养组
肌内脂肪含量/%	$4.20±1.26^{A}$	$2.76±1.24^{B}$
pH	$5.67±0.17^{A}$	$4.42±0.21^{B}$

注：①同行数据中，肩标不同大写字母表示差异极显著($P<0.01$)。
②引自周华侨等，2012。

林诗宇等(2017)比较了寿光鸡、固始鸡和罗曼蛋鸡母鸡从 90 日龄至 180 日龄通过舍饲与林地放养混合模式下采用常规基础饲粮饲喂。结果表明：寿光鸡、固始鸡肌肉的滴水损失率、剪切力显著低于罗曼蛋鸡($P<0.05$)，肉色显著高于罗曼蛋鸡($P<0.05$)。寿光鸡和固始鸡肌肉中甘氨酸、谷氨酸、异亮氨酸和鲜味氨基酸含

量显著高于罗曼蛋鸡($P<0.05$)。

放养对肉鸡屠宰性能的影响受日粮营养水平影响,采用高蛋白、高能量水平日粮显著改善固始鸡后阶段体重及不同阶段的平均日增重、屠体重、全净膛重。不同营养水平对放养固始鸡胸肌和腹肌 45 min pH、24 h pH 和蒸煮损失率均没有显著影响($P>0.05$),但对腿肌剪切力有极显著影响($P<0.01$)。

二、放养对产蛋性能的影响

由于放养鸡活动量大,消耗能量多,如果采食量不足,则导致能量摄入量不能满足需要,会降低产蛋率。同时,由于蛋白质,磷等营养素供应不足,会导致蛋重小,蛋壳强度低,破蛋率增加。但是,通常放养鸡能采食野生植物,摄入更多的叶黄素,使蛋黄颜色高于笼养鸡(表 2-26)。

表 2-26 笼养和散养条件下蛋品质数据

性状	散养	笼养
蛋重/g	53.51±6.98	52.21±5.51
壳色	26.4±5.14^{B}	32.0±5.65^{A}
蛋形指数	1.34±1.22^{A}	1.30±0.04^{B}
蛋壳强度/(g/cm^2)	4.87±1.06	4.77±0.89
蛋白高度/mm	8.67±2.26^{A}	5.65±1.08^{B}
蛋黄颜色	10.27±0.13^{A}	9.85±0.55^{B}
蛋黄重/g	14.31±2.99^{B}	16.29±2.23^{A}
蛋壳重/g	5.39±0.73^{A}	5.34±0.58^{B}
蛋白重/g	33.27±4.49^{A}	30.58±3.76^{B}
蛋黄比例/%	26.29±3.18^{B}	31.24±2.60^{A}
蛋白比例/%	62.18±3.28^{A}	58.51±2.87^{B}
蛋壳比例/%	11.13±0.99^{A}	10.25±0.88^{B}

注:①同行数据中,肩标不同大写字母表示差异极显著($P<0.01$)。

②引自周华侨等,2012。

尹玲倩等(2017)研究了 300 日龄绿壳蛋鸡在不同饲养方式下蛋品质,见表 2-27 和表 2-28。

散养降低绿壳蛋鸡的产蛋性能,但显著提高蛋壳厚度(表 2-29)。

表 2-27 笼养和散养条件下的鸡蛋蛋品质比较

品种	蛋重/g	蛋形指数	蛋壳强度/(kg/cm^2)	蛋壳质量/g	蛋壳厚/mm	蛋黄重/g	蛋黄色泽	蛋白高度/mm	蛋壳颜色	哈氏值
绿壳蛋鸡（笼）	41.90±2.21^{d}	0.78±0.01^{a}	4.80±0.89^{a}	5.51±0.52^{c}	0.28±0.04^{ab}	12.47±0.88^{c}	9.81±1.14^{c}	5.66±1.59^{ab}	43.33±6.46^{cd}	81.68±10.57^{a}
绿壳蛋鸡（散）	46.91±4.16^{c}	0.77±0.01^{ab}	3.78±1.15^{c}	5.77±0.79^{c}	0.25±0.03^{c}	17.01±1.97^{a}	13.09±1.33^{a}	5.10±1.98^{bc}	49.74±4.54^{b}	73.07±14.39^{bc}
旧院黑鸡（笼）	46.67±3.42^{c}	0.76±0.01^{abc}	5.05±0.80^{a}	6.38±0.67^{b}	0.29±0.02^{a}	13.47±1.17^{b}	10.12±1.09^{b}	5.37±1.65^{b}	42.89±6.37^{d}	75.93±11.83^{ab}
旧院黑鸡（散）	49.98±4.64^{b}	0.76±0.01^{abc}	4.19±1.23^{bc}	6.47±0.83^{b}	0.27±0.03^{bc}	17.80±2.12^{a}	13.49±1.15^{a}	4.34±1.39^{c}	45.95±7.12^{c}	67.79±9.45^{c}
罗曼蛋鸡（笼）	57.95±8.29^{a}	0.75±0.00^{bc}	4.68±1.01^{ab}	8.06±0.97^{a}	0.26±0.04^{c}	17.87±2.17^{a}	8.71±0.42^{c}	6.33±2.03^{a}	51.97±4.95^{b}	77.24±14.92^{ab}
罗曼蛋鸡（散）	58.07±6.05^{a}	0.75±0.00^{c}	3.73±0.78^{c}	7.75±0.77^{a}	0.27±0.02^{bc}	17.91±2.01^{a}	8.78±0.65^{c}	4.75±1.44^{bc}	55.99±3.54^{a}	66.18±12.23^{c}

注：①同列数据中，肩标不同小写字母表示差异显著($P<0.05$)。
②引自尹玲倩，2017。$n=90$ 枚。

表 2-28 笼养和散养条件下的鸡蛋营养成分比较

品种	胆固醇含量/(g/100 g)	蛋黄脂肪/鲜蛋重/%	蛋清蛋白质含量/%	维生素 A/(μg/100 g)	锌浓度/(mg/kg)	硒浓度/(mg/kg)	全蛋含水率/%
绿壳蛋鸡(笼)	0.93±0.05^{c}	8.97±0.51^{ab}	22.7±0.39^{a}	7.05±0.79^{bc}	15.22±0.26^{c}	0.43±0.003^{d}	64.9±1.1
绿壳蛋鸡(散)	1.02±0.08^{bc}	9.37±0.52^{a}	16.0±0.10^{bc}	8.61±0.38^{ab}	19.76±0.39^{b}	0.56±0.010^{c}	63.1±0.5
旧院黑鸡(笼)	1.38±0.05^{ab}	8.92±0.18^{ab}	19.8±0.61^{ab}	8.13±0.19^{abc}	22.26±1.71^{a}	0.77±0.013^{b}	62.9±0.4
旧院黑鸡(散)	1.29±0.09^{bc}	9.09±0.18^{ab}	14.3±0.98^{bcd}	8.06±1.09^{abc}	19.84±0.52^{b}	0.87±0.029^{a}	61.6±1.7
罗曼粉壳蛋鸡(笼)	1.87±0.07^{a}	8.76±0.14^{ab}	16.3±0.17^{cd}	9.13±0.38^{a}	16.58±0.26^{c}	0.33±0.022^{e}	63.8±2.4
罗曼粉壳蛋鸡(散)	2.03±0.52^{a}	8.47±0.43^{b}	12.8±0.09^{d}	6.78±0.34^{c}	21.20±0.63^{ab}	0.48±0.024^{d}	62.3±0.9

注：①同列数据中，肩标不同大写字母表示差异显著($P<0.05$)。
②引自尹玲倩，2017。

表 2-29 散养对绿壳蛋鸡蛋品质的影响

项目	30 周龄		35 周龄		40 周龄	
	散养	笼养	散养	笼养	散养	笼养
蛋重/g	28.43±2.10	29.11±2.47	28.46±2.57	28.96±2.63	28.94 ± 1.21^{B}	30.08 ± 1.52^{A}
蛋形指数	1.35±0.05	1.35±0.06	1.38±0.05	1.37±0.06	1.35±0.05	1.35±0.04
蛋黄颜色	7.82 ± 0.69^{A}	7.02 ± 1.50^{B}	7.80 ± 1.27^{A}	4.98 ± 1.90^{B}	8.07±0.74	7.83±0.75
蛋白高度/mm	5.99±0.98	6.14±0.92	6.10±1.05	6.47±1.01	5.83±1.17	5.88±0.86
哈氏单位	79.97±4.96	82.35±6.11	81.08±6.92	83.09±5.59	76.28±10.13	78.58±5.85
蛋壳强度/(kg/cm^2)	3.55±0.76	3.77±0.88	4.04±0.85	3.97±0.76	3.67±0.84	3.63±0.90
蛋壳厚度/mm	0.34 ± 0.02^{A}	0.31 ± 0.04^{B}	0.35 ± 0.03^{A}	0.33 ± 0.03^{B}	0.35 ± 0.03^{A}	0.32 ± 0.03^{B}
蛋壳颜色(亮度,L)	87.29 ± 2.51^{b}	88.79 ± 2.19^{a}	87.60±2.34	88.65±2.12	87.67 ± 1.82^{B}	89.10 ± 1.89^{A}
蛋壳颜色(红度,a)	5.29 ± 0.91^{a}	4.69 ± 1.09^{b}	5.89 ± 1.13^{A}	4.66 ± 0.93^{B}	5.45 ± 0.96^{A}	4.76 ± 0.81^{B}
蛋壳颜色(黄度,b)	7.83±2.42	7.77±3.75	6.80±2.26	7.07±2.74	7.35±2.14	6.82±2.32
蛋黄比例/%	28.43±2.10	29.11±2.47	28.46±2.57	28.96±2.63	28.94 ± 1.21^{B}	30.08 ± 1.52^{A}
蛋壳比例/%	11.49±0.71	11.30±1.06	11.63±0.91	11.49±0.62	11.33 ± 0.66^{A}	10.59 ± 0.75^{B}
干物质含量/(g/100 g)	22.13 ± 1.48^{b}	23.95 ± 1.17^{a}	25.17±2.77	25.08±2.36	26.23±0.76	26.12±1.09
总脂肪含量/(g/100 g)	6.11 ± 0.39^{B}	6.96 ± 0.51^{A}	7.82 ± 0.21^{A}	6.70 ± 0.63^{B}	8.70 ± 0.73^{A}	6.83 ± 0.29^{B}

注：①同一周龄，同行数据中，肩标不同小写字母表示差异显著($P<0.05$)，肩标不同大写字母表示差异极显著($P<0.01$)。

②引自赵春颖等，2017。

饲养方式对蛋黄颜色也可能有一定的影响。农家放养的鸡采食富含类胡萝卜素、叶黄素的各种野草，蛋黄颜色通常较深。

如果放养密度过大、出现放牧过度的现象，造成放养场地植被破坏严重，造成放养鸡无草可食，鸡蛋的营养成分全来自饲料。无草放养和笼养对比发现，无草放养相对于笼养来说，降低鸡蛋蛋壳色泽、蛋壳重量、鸡蛋重量；但对蛋壳比例、蛋黄颜色、哈氏单位等其他指标没有显著影响(表 2-30)。说明放养鸡鸡蛋的品质还与放养区域植被有关，放养密度低、植被保护好，有助于改善鸡蛋品质。

表 2-30　笼养和无草放牧对苏禽草鸡蛋品质的影响

蛋品质	笼养	放养	*P* 值
蛋重/g	43.62±3.06	41.57±3.33	0.050
蛋黄重/g	11.83±0.99	11.75±2.11	0.876
蛋白重/g	25.87±2.45	24.91±3.39	0.314
蛋黄率/%	31.46±2.70	32.46±4.18	0.379
蛋形指数	1.31±0.04	1.31±0.06	0.880
蛋壳色泽	84.25±4.10	87.08±4.01	0.033
蛋壳强度/(kg/cm^2)	3.36±0.65	3.46±0.97	0.697
蛋白高度/cm	7.02±0.63	7.54±1.30	0.116
蛋黄颜色	10.20±0.89	9.70±0.86	0.080
哈氏单位	88.88±3.48	91.92±7.36	0.103
蛋壳厚度/μm	0.33±0.02	0.32±0.03	0.144
蛋壳重/g	5.92±0.47	5.50±0.58	0.017
蛋壳比例/%	13.58±0.66	13.26±1.34	0.318

第三节　有机生产与鸡肉、鸡蛋品质

一、有机生产对鸡肉品质的影响

有研究比较了常规生产和有机生产的熟制鸡肉中的脂肪和脂肪酸的含量。有机鸡肉中总脂肪含量低于常规鸡肉。有机鸡肉和常规鸡肉均富含顺式单不饱和脂肪酸，但有机鸡肉含量低于常规鸡肉(1 850 vs 2 538 mg/100 g；$P<0.001$)。有机鸡肉 α-亚麻酸也低于常规鸡肉(115 vs 180 mg/100 g；$P<0.001$)，但有机鸡肉含有较高的二十二碳六烯酸(30.9 vs 13.7 mg/100 g；$P<0.001$)。总体而言，有机鸡肉和传统鸡肉之间的脂肪酸含量及分布无明显差异(Dalziel 等，2015)。

研究表明，有机鸡和常规鸡的鸡肉口感存在差异(Horsted 等，2012)，而消费者对有机鸡肉口感的期望比常规鸡肉更高(Marian 和 Thøgersen，2013)。对于常规饲养条件下的白羽肉鸡，有机饲养条件下的白羽肉鸡和慢速生长鸡的胸肉口感评分，研究表明专业人员能够区分不同来源的鸡胸肉差异，而未经培训的消费者则不能。消费者的喜好明显主要受鸡肉来源信息影响，提供鸡肉来源时消费者对有机鸡肉的评分显著高于盲评（Napolitano 等，2013）。

二、有机生产对鸡蛋品质的影响

尽管先前有研究认为，有机鸡蛋的品质不一定与常规鸡蛋有差异，由于鸡蛋品质受品种影响较大，赵超等（2006）比较了在相同饲养管理条件下的几个主要品种蛋鸡的鸡蛋品质，表明不同品种蛋鸡的鸡蛋品质存在许多差异，综合考虑，柴鸡、绿壳蛋鸡在生产优质鸡蛋方面具有一定的遗传优势。

由于鸡蛋品质与储存时间和条件有关，随着储存时间的延长，鸡蛋的蛋黄膜强度、蛋黄系数、哈氏单位逐渐下降（$P<0.05$），蛋白水分逐渐下降（$P<0.05$）（白修云等，2013）。

第三章 有机鸡品种要求

第一节 有机鸡生产对鸡品种的要求

一、品种要求

有机鸡生产对鸡品种没有特定的要求，可以选择商业品种，也可以选择相应的地方品种，具体应根据市场购买的可行性和消费者的需求而确定。

虽然有机鸡生产对鸡的品种没有要求，但对鸡的日龄有一定的限制。条件允许的情况下应引入有机雏鸡，当不能得到有机雏鸡时，可引入常规雏鸡，但也应符合以下条件：肉用鸡，不超过 2 日龄（其他禽类可放宽到 2 周龄），且进行了新城疫免疫。如果选择商品肉鸡作为有机肉用鸡生产的品种，需要考虑商品肉鸡腿病发生率高、猝死率高、易发生腹水症等问题。

二、品种选择原则

1. 选择适应性强的品种

由于地方品种或地方鸡改良品种的鸡肉或鸡蛋风味更好，一般应选择适应性强、抗病力强、觅食能力强、耐粗饲、肉质细嫩的地方鸡或利用地方土鸡改良的品种，这些品种更容易适合市场需要。

2. 根据生产地类型选择品种

根据生产地类型选择飞翔能力不同的品种。放养场地是浆果性果园，应选择飞翔能力差的品种，如农大 3 号小型蛋鸡、北京油鸡，或体重大、偏肉用的品种如青脚麻鸡、黄鸡等；如果是坚果性果园或非果园，对品种飞翔的能力没有过多要求。

3. 根据市场需要选择品种

应根据市场需求或销售渠道，确定经营目标是选择肉用品种还是蛋用品种，或选择肉蛋兼用品种。有些地方根据鸡的毛色、皮肤颜色或蛋色进行选择。

4. 根据抱窝性选择品种

抱窝性也是需要考虑的重要因素。地方鸡抱窝性强。杂交选育品种或良种蛋鸡通常不抱窝。

第二节　有机鸡品种介绍

我国鸡种质资源丰富，拥有众多的地方兼用品种，以及选育后的专门化蛋用型品种和肉用型品种，为有机鸡生产提供了广泛的选择。

一、兼用型品种

兼用型品种主要包括华北柴鸡、北京油鸡、乌鸡、芦花鸡、固始鸡等地方品种。

1. 华北柴鸡

目前华北柴鸡有地方自然驯化品种和人工培育品种，品种较杂，颜色各异。一般公鸡鸡冠大，鲜艳，红润（图 3-1）。柴鸡 84 d 前增重较快，120～150 d 体重在 1.5～2.0 kg，以后增重减慢，饲养期不宜超过 5 个月。母鸡 130 d 左右开产，柴鸡蛋壳颜色主要呈粉色。白毛带黑点柴鸡则以产绿壳鸡蛋为主。放养条件下，华北柴鸡高峰期产蛋率在 70%左右，日补料必须 105 g 以上，料蛋比为 3.7∶1。柴鸡飞翔能力强，喜欢上树，适合在空旷地，林木和板栗、核桃等坚果类树下放养，不适合在苹果树、梨树等果树下放养。

图 3-1　华北柴鸡

2. 北京油鸡

北京油鸡源于九斤黄鸡，具有凤头、毛腿、胡子嘴，外观漂亮的特点（图 3-2）。肉质鲜美，又称宫廷黄鸡。但生长速度慢，屠体不丰满。90 日龄平均体重为公鸡

1.4 kg,母鸡 1.2 kg;料肉比(3.2～3.5)∶1; 105 d 出栏体重为 1.45 kg,料肉比 3.8∶1。母鸡 500 日龄产蛋量 120～130 枚,开产日龄 180 d,高峰产蛋率 50%～60%,就巢性强,蛋壳颜色为淡褐色。北京油鸡飞翔能力不强,适合在林地或各种果园放养。

图 3-2 北京油鸡

尽管北京油鸡温顺,但是散养依然降低生产性能,产蛋率比笼养组低 5.49%,笼养组料蛋比为 3.39,散养组则高达 6.10,散养组蛋白高度和哈氏单位有所下降(表 3-1)。

3. 乌鸡

(1)丝羽乌鸡 乌鸡又称乌骨鸡,其中丝羽乌骨鸡源于江西泰和县武山,又名泰和乌鸡、武山鸡。纯种丝羽乌鸡生长速度慢,110 d 出栏,体重 1.1 kg,料肉比为 3∶1。母鸡年产蛋量为 120～135 枚,蛋壳以粉色为主,抱窝性强。丝羽乌鸡肉质鲜美,亚油酸、亚麻酸含量是我国地方鸡中的佼佼者,丝羽乌鸡也具有药用功能,是生产乌鸡白凤丸的原料(图 3-3,黄卓焕提供)。

图 3-3 丝羽乌鸡

表 3-1 不同养殖方式对北京油鸡蛋品质的影响

测定项目	30 周龄		35 周龄		40 周龄	
	散养	笼养	散养	笼养	散养	笼养
蛋重/g	44.21±3.64	45.93±4.69	44.35±3.46[b]	47.29±5.12[a]	50.15±3.71	50.40±3.80
蛋形指数	1.31±0.06	1.32±0.06	1.32±0.05	1.34±0.05	1.35±0.05	1.33±0.06
蛋黄颜色	7.55±1.11[A]	6.55±1.35[B]	8.00±0.79[A]	6.50±1.39[B]	8.60±0.77	8.77±0.63
蛋白高度/mm	4.99±0.84	5.32±0.92	5.76±0.92[A]	6.50±0.96[B]	5.13±1.34[B]	6.49±0.85[A]
哈氏单位	75.07±6.48	77.07±7.14	80.71±6.65[b]	84.48±5.78[a]	73.04±11.01[B]	83.40±4.97[A]
蛋黄比例/%	29.31±2.53	28.69±2.95	29.02±1.86	28.97±1.82	31.12±2.16	31.27±1.78
蛋壳比例/%	10.99±0.87[B]	11.75±0.94[A]	11.17±1.04	11.45±0.87	11.04±0.88	10.87±1.09
蛋壳强度/(kg/cm^2)	3.83±0.94	4.19±0.63	4.14±0.65	4.11±0.74	3.81±0.89	3.53±0.89
蛋壳厚度/mm	0.32±0.03[B]	0.35±0.02[A]	0.31±0.03	0.32±0.03	0.32±0.03	0.33±0.03
蛋壳颜色(亮度,L)	75.84±5.69	73.92±3.82	76.40±6.57	76.45±3.93	75.21±3.58	74.20±4.35
蛋壳颜色(红度,a)	9.46±2.75[b]	11.29±2.53[a]	9.62±3.33	9.32±2.46	10.80±6.05	10.42±2.42
蛋壳颜色(黄度,b)	21.26±3.06	21.70±2.92	20.99±3.36	20.55±2.44	20.22±2.58[b]	21.8±2.851[a]
干物质含量/(g/100 g)	23.10±2.07	22.25±2.19	24.00±1.66	25.12±2.37	25.45±1.53	26.42±1.83
总脂肪含量/(g/100 g)	7.09±0.50[a]	6.36±0.36[b]	7.85±0.61	8.03±0.73	7.71±0.38	8.00±0.48

注:①同一周龄,同行数据中,肩标不同小写字母表示差异显著($P<0.05$),肩标不同大写字母表示差异极显著($P<0.01$)。

②引自王琼等,2014。

(2)黑羽乌鸡　黑羽乌鸡(图 3-4,黄卓焕提供)除羽毛为黑色外,胴体和脚也呈黑色,生长速度和产蛋性能均高于丝毛乌鸡,蛋壳颜色为绿色。乌鸡飞翔能力不强,适合在林地或各种果园放养。国内不同地区有不同的乌鸡,略阳乌鸡是陕西省特有的家禽品种资源,该品种中心产地位于黑河坝、观音寺、仙台坝、两河口等地,是我国现有乌鸡品种中体型较大的一种。略阳乌鸡肉质细嫩、味道鲜美、肌间脂肪含量丰富、腹脂含量低、氨基酸含量高,具有较高的营养价值。另外,因为体内积聚大量有抗氧化、抗辐射功能的黑色素,略阳乌鸡肉也具有一定食疗保健功能。在放养条件下年产蛋仅85～110 枚,达到上述体重(2 kg)需要半年左右。在体型、外貌方面也存在一定变异性,如蛋壳颜色,有浅褐壳、褐壳、绿壳,冠型有单冠、玫瑰冠、豆冠等。

江西南城有南城乌鸡,具有抱窝性低的特点,适于进行规模化养殖。

图 3-4　黑羽乌鸡

4. 芦花鸡

芦花鸡因全身芦花得名,羽毛漂亮,适合开发成羽毛制品。鸡冠鲜红(图 3-5),生长速度中等,肉质鲜美。一年可产蛋 130～150 枚,平均蛋重 43.5 g。颜色多数为微褐色,少数为白色。蛋黄比率 45.4%左右。抱窝母鸡占 3%～5%,持续期一般在 20 d 左右。芦花鸡飞翔能力强,喜欢上树,觅食能力强,敏感,易受惊吓。芦花

图 3-5　芦花鸡

鸡适合在空旷地、林木和板栗、核桃等坚果类树下放养，不适合在苹果树、梨树等果树下放养。

5. 宁都黄鸡

宁都黄鸡原产于江西省宁都县黄石乡，又称宁都三黄鸡。宁都黄鸡具有三黄的外形特征(图 3-6)。215 日龄公鸡体重约 2.0 kg，母鸡体重约 2.0 kg。屠宰率公鸡约 91.7%，母鸡约 93.4%。全净膛率公鸡为 69.8%，母鸡为 59.3%。平均 135 日龄开产，年产蛋数 122 个，300 日龄平均蛋重约 50 g(数据和图片由谢金坊提供)。

图 3-6　宁都黄鸡

6. 景阳鸡

景阳鸡原产于湖北省建始县景阳镇，俗称景阳九斤鸡。体型较大，300 日龄成年公鸡体重约 3.9 kg，母鸡体重约 2.5 kg。屠宰率公鸡约 90%，母鸡约 91%。全净膛率公鸡为 68.8%，母鸡为 67.9%。175 日龄开产，年产蛋数约 145 枚，平均蛋重 56 g。胡兵等(2018)比较两品系景阳鸡放养对产蛋性能和蛋品质的影响，结果两品系放养组期末体重、产蛋率均显著低于舍饲组($P<0.05$)，而只日均耗料量都极显著高于舍饲组($P<0.01$)(表 3-2)；粟麻羽放养组蛋黄颜色、哈氏单位都极显著高于舍饲组($P<0.01$)，黄麻羽上述指标虽无显著性差异，但其放养组蛋黄重显著高于舍饲组($P<0.05$)(表 3-3)。

7. 固始鸡

固始鸡原产于河南省固始县，在当地已有上千年的饲养历史，在清朝乾隆年间就作为贡品上贡朝廷。属蛋肉兼用型鸡种。体型中等，外观清秀灵活，体型细致紧凑，结构匀称，羽毛丰满。公鸡羽色呈深红色和黄色，母鸡羽色以麻黄色和黄色为主，白色、黑色很少。尾型分为佛手状尾和直尾两种，佛手状尾尾羽向后上方卷曲，悬空飘摇。成鸡冠型分为单冠与豆冠两种，以单冠居多。冠直立，冠、肉垂、耳叶和脸均呈红色，虹彩浅栗色。喙短略弯曲，呈青黄色。胫呈靛青色，四趾，无胫羽。皮肤呈暗白色(图 3-7)。成年鸡体重：公鸡 2.47 kg，母鸡 1.78 kg。180 日龄屠宰率：

表 3-2 饲养方式对不同品系景阳鸡生产性能的影响

项目		初始体重/kg	期末体重/kg	日产蛋重/(g/只)	产蛋率/%	日均耗料量/(g/只)	料蛋比	死淘率/%
品系	粟麻	1.77±0.15	1.76±0.22	24.15±6.01	46.46±11.37	96.19±15.45	4.18±1.15	6.12
	黄麻	1.74±0.18	1.79±0.20	24.23±6.08	46.01±10.81	92.25±19.45	3.92±0.89	9.46
	P 值	0.510	0.531	0.926	0.762	0.111	0.070	—
饲养方式	舍饲	1.79±0.16	1.91±0.15	25.46±6.27	48.94±11.99	83.23±13.95	3.81±1.17	10.28
	放养	1.72±0.17	1.64±0.17	22.92±5.52	43.53±9.36	105.21±13.64	4.29±0.81	6.30
	P 值	0.170	<0.001	0.003	<0.001	<0.001	0.001	—
品系×饲养方式	粟麻×舍饲	1.77±0.17	1.90±0.18	25.81±5.82	49.62±11.09	86.14±15.32	4.07±1.37	7.74
	粟麻×放养	1.77±0.14	1.62±0.16	22.49±5.78	43.31±10.87	106.23±6.45	4.30±0.88	4.44
	黄麻×舍饲	1.81±0.16	1.92±0.12	25.10±6.73	48.26±12.91	80.31±11.88	3.55±0.87	10.76
	黄麻×放养	1.76±0.18	1.67±0.19	23.35±5.27	43.75±7.67	104.18±18.23	4.29±0.75	8.16
	P 值	0.132	0.714	0.345	0.554	0.326	0.068	—

注:引自:胡兵等,2018。

表 3-3　饲养方式对不同品系景阳鸡蛋品质的影响

项目		蛋形指数	蛋的比重	蛋壳强度/(kg/cm²)	蛋重/g	蛋白高度/mm	蛋黄颜色	哈氏单位	蛋黄重/g	蛋壳重/g
品系	粟麻	1.28±0.05	1.125±0.008	3.22±0.69	50.55±4.93	5.05±1.10	6.51±1.23	71.31±9.41	16.76±1.46	5.85±0.65
	黄麻	1.27±0.04	1.125±0.008	3.35±0.80	52.54±3.85	5.23±1.06	6.47±1.22	73.06±8.23	17.21±1.55	6.26±0.63
	P 值	0.046	0.724	0.216	0.001	0.227	0.846	0.152	0.031	<0.001
饲养方式	舍饲	1.28±0.05	1.126±0.009	3.16±0.74	52.05±4.23	4.99±1.10	6.25±1.25	70.59±9.18	16.83±1.55	5.95±0.65
	放养	1.27±0.04	1.124±0.006	3.41±0.75	51.03±4.77	5.29±1.05	6.72±1.16	73.79±8.27	17.14±1.48	6.16±0.67
	P 值	0.253	0.246	0.024	0.117	0.048	0.007	0.010	0.132	0.016
品系×饲养方式	粟麻×舍饲	1.28±0.05	1.124±0.009	3.10±0.64	50.51±4.11	4.93±1.28	6.03±1.33[b]	68.92±11.04	16.78±1.47	5.74±0.62
	粟麻×放养	1.28±0.04	1.125±0.007	3.34±0.73	50.58±5.69	5.16±0.89	6.97±0.93[a]	73.65±6.80	16.74±1.46	5.97±0.66
	黄麻×舍饲	1.27±0.05	1.127±0.010	3.22±0.82	53.65±3.76	5.04±0.89	6.47±1.13[b]	72.22±6.59	16.88±1.64	6.16±0.62
	黄麻×放养	1.26±0.04	1.123±0.006	3.48±0.77	51.47±3.67	5.42±1.19	6.47±1.31[b]	73.93±9.64	17.57±1.38	6.37±0.63
	P 值	0.686	0.083	0.922	0.073	0.627	0.007	0.227	0.088	0.947

注：①同列数据中，肩标不同小写字母表示差异显著（$P<0.05$）。

②引自胡兵等，2018。

半净膛率，公鸡81.8%，母鸡80.2%；全净膛率，公鸡73.9%，母鸡70.7%。开产日龄160～180 d，年产蛋158～168枚，平均蛋重52 g，蛋壳呈浅褐色（数据和图片由河南农业大学田亚东提供）。散养条件下，大部分都具有就巢性。不同营养水平对固始鸡体重发育的影响见表3-4，说明提高日粮粗蛋白质水平有助于改善增重效果。但也需要根据出栏体重需要决定日粮营养水平。

图3-7 固始鸡

表3-4 不同营养水平固原鸡不同日龄体重 g

日龄	高蛋白高能量水平组	低蛋白低能量水平组
42	305.1±37.71	307.30±33.57
56	377.71±78.60	363.73±57.07
66	625.60[a]±79.86	571.75±135.34
72	684.44[a]±123.21	633.87[b]±119.49
82	792.31[a]±144.00	722.61[b]±123.41
95	1 092.12[A]±219.27	837.98[B]±147.37
112	1 253.56[A]±197.51	920.27[B]±150.80
119	1 488.96[A]±203.72	1 048.16[B]±147.31
142	—	1 458.40±143.46

注：①同行数据中，肩标不同小写字母表示差异显著（$P<0.05$），肩标不同大写字母表示差异极显著（$P<0.01$）。

②引自额尔和花等，2015。

8. 卢氏鸡

卢氏鸡原产于河南省卢氏县，属蛋肉兼用型鸡种，体型结实紧凑，后躯发育良好，羽毛紧贴，颈细长，背平直，翅紧贴，尾翘起，腿较长，冠型以单冠居多，少数凤冠。喙以青色为主，黄色及粉色较少。胫多为青色。公鸡羽色以红黑色为主，占80%，其次是白色及黄色。母鸡以麻色为多，占52%，分为黄麻、黑麻和红麻，其次是白鸡和黑鸡（图3-8）。卢氏鸡体型较小，成年鸡体重：公鸡1.7 kg，母鸡1.31 kg。180日龄屠宰率：半净膛率79.7%，全净膛率70.0%。开产日龄170 d，年产蛋

150～180枚，蛋重47 g，蛋壳呈浅褐色和青色，自然群体中浅褐色占96.4%，青色占3.6%（数据和图片由田亚东提供）。

图 3-8 卢氏鸡

9.正阳三黄鸡

正阳三黄鸡原产于河南省正阳县。属蛋肉兼用型鸡种。体格较小，体态匀称，结构紧凑，具有黄喙、黄羽、黄蹠的三黄特征。虹彩橘红色，冠型分单冠、复冠两种，单冠直立，占86%。公鸡全身羽毛金黄色，主翼羽黄褐色，尾羽黑褐色。母鸡颈羽黄色，较躯干羽色略深，带金光。胸圆，肌肉发达（图3-9）。成年鸡体重：公鸡1.7 kg，母鸡1.43 kg。150日龄屠宰率：半净膛率，公鸡82.0%，母鸡75.0%；全净膛率，公鸡70.5%，母鸡66.0%。开产日龄194 d，年产蛋140～160枚，平均蛋重50 g，蛋壳呈浅褐色（数据和图片由田亚东提供）。

图 3-9 正阳三黄鸡

10. 河南斗鸡

河南斗鸡属玩赏型鸡种。体型分为粗糙疏松型、细致型、紧凑型、细致紧凑型4种。头半棱形，冠型以豆冠为主。喙短粗，呈半弓形。羽色以青色、红色、白色三色为主色，三色羽之间相互交配形成青色、红色、紫色、皂色、白色、花色等色。骨骼比一般鸡种发达，最突出的是脑壳骨厚，是普通鸡的 2 倍厚。胸骨长，腿裆较宽(图 3-10)。成年鸡体重:公鸡 3.5 kg，母鸡 2～3 kg。180 日龄屠宰率:半净膛率，公鸡 82.9%，母鸡 84.1%；全净膛率，公鸡 77.9%，母鸡 76.6%。开产日龄 246 d，年产蛋 82～121 枚，蛋重 50～60 g，蛋壳以褐色、浅褐色为多(数据和图片由田亚东提供)。

图 3-10 河南斗鸡

11. 贵妃鸡

贵妃鸡原产于英国，又名贵妇鸡、皇家鸡，属于观赏型引入品种，是昔日专供皇室享用的珍禽。贵妃鸡个头小、结构紧凑、胸肌发达(图 3-11)。300 日龄公鸡体重 1.6 kg，母鸡体重 1.1 kg。屠宰率公鸡为 91.1%，母鸡为 89.5%。全净膛率公鸡为 67.8%，母鸡为 64.7%。166 日龄开产，72 周龄产蛋数 167 枚，平均蛋重 43 g。

图 3-11 贵妃鸡

12. 广西三黄鸡

广西三黄鸡原产于广西壮族自治区。广西三黄鸡体躯短小、体态丰满。300 日龄成年公鸡体重约 2.1 kg，母鸡体重约 1.6 kg。屠宰率，公鸡约 87.4%，母鸡约 89.7%。全净膛率，公鸡为 66.0%，母鸡为 64.4%。平均 105 日龄开产，62 周龄年产蛋数约 135 枚，300 日龄平均蛋重 43 g。

13. 参皇鸡1号

参皇鸡1号来源于广西三黄鸡。单冠,耳叶红色,虹彩橘黄色,喙与胫黄色。嘴黄、脚黄、毛色黄,禾虾头、柚子身、铁线脚、状似元宝。公鸡羽色金黄,翼羽常带黑边,尾羽多为黑色。母鸡羽色淡黄色,但主翼羽和副翼羽常带黑边或黑斑,尾羽也多为黑色(图3-12)。90日龄公鸡体重1.4 kg,母鸡1.2 kg,料肉比(3.1～3.2)∶1,105 d出栏时体重是1.5 kg,料肉比是3.57∶1,500日龄产蛋数181枚,开产日龄160 d,高峰产蛋率81%,蛋壳颜色为粉褐色(数据和图片由广西参皇养殖集团提供)。

图3-12　参皇鸡1号

14. 参皇灵土凤鸡

参皇灵土凤鸡来源于广西麻鸡,单冠直立,体型饱满,脚细矮,禾虾头、柚子身、铁线脚、状似元宝。公鸡背部棕红色,腹部黑色或金黄色。母鸡黑羽占比例10%～15%,麻羽85%～90%(图3-13)。

90日龄公鸡体重1.6 kg,母鸡1.3 kg,料肉比(3.2～3.3)∶1,115 d出栏时体重1.6 kg,料肉比3.7∶1,开产日龄160 d,500日龄产蛋数168枚,高峰产蛋率80%,蛋壳颜色为粉褐色(数据和图片由广西参皇养殖集团提供)。

图3-13　参皇灵土凤鸡

15. 参皇稻花鸡

参皇稻花鸡公鸡羽毛黄色、白色、墨绿色，尾羽长，飘逸。母鸡黑白麻花、少部分黄羽(图 3-14)。脚细小，脚胫黄，皮薄肉嫩，肉结实，皮下脂肪少，口感好。体型小，活泼好动，好飞翔，野性足，90 日龄公鸡体重 1.4 kg，母鸡 1.1 kg，料肉比(3.1～3.3)∶1，120 d 出栏时体重是 1.5 kg，料肉比 3.8∶1，开产日龄150～170 d，500 日龄产蛋数 148 枚，高峰产蛋率 75%，蛋壳颜色为粉褐色(数据和图片由广西参皇养殖集团提供)。

图 3-14　参皇稻花鸡

16. 参皇瑶凤鸡

参皇瑶凤鸡来源于南丹瑶鸡。单冠直立，冠齿 5～8 个，喙黑色或石板青色，脸、冠、肉垂均为红色，耳叶红色或蓝绿色。公鸡背部羽色以金黄色、棕红色为主，黄黑色次之，胸部黑色；母鸡羽色有麻黑色、麻黄色两种(图 3-15)。胫细长，胫和脚趾为石板青色，部分鸡有胫羽，体躯呈梭形，胸骨突出。90 日龄公鸡体重 1.5 kg，母鸡 1.2 kg，料肉比(3.2～3.3)∶1，125 d 出栏体重 1.7 kg，料肉比 3.9∶1，开产日龄 150～170 d，500 日龄产蛋数 165 枚，高峰产蛋率 78%，蛋壳颜色为粉褐色(数据和图片由广西参皇养殖集团提供)。

图 3-15　参皇瑶凤鸡

17. 瑶鸡

瑶鸡原产于广西壮族自治区南丹县，又称南丹瑶鸡、瑶山鸡。成年公鸡体重约 2.4 kg，成年母鸡体重约 1.6 kg。屠宰率公鸡约 87.2%，母鸡约 88.7%。全净膛率公鸡为 64.6%，母鸡为 64.2%。130 日龄开产，66 周龄年产蛋数约 113 枚，平均蛋重 46 g。李林笑等(2017)研究认为，放养瑶鸡的蛋壳强度显著高于室内平养组和笼养组(表 3-5)。

表 3-5 不同饲养方式对瑶鸡蛋品质的影响

组别	蛋重/g	蛋形指数	蛋白高度/mm	哈氏单位	蛋黄比例/%	蛋白比例/%	蛋壳比例/%	蛋壳厚度/mm	蛋壳强度/(kg/f)
205 日龄									
放养	35.42±1.01	76.34±1.00	4.48±0.30	75.44±2.66	30.29±1.16	56.44±1.34	13.22±0.46	0.38±0.01	42.40±2.70
室内平养	38.07±1.80	73.53±1.28	3.98±0.71	67.68±6.77	29.05±0.82	57.78±1.24	13.25±0.48	0.35±0.01	25.05±1.25
笼养	38.18±1.00	75.69±0.89	4.41±0.40	73.17±3.05	31.06±1.53	56.29±1.59	12.55±0.28	0.33±0.02	32.80±1.80
210 日龄									
放养	35.44±1.08	74.83±1.12	6.52±0.64	88.19±3.52	28.89±0.98	58.09±0.94	13.01±0.23	0.30±0.01	37.70±1.40
室内平养	41.90±3.36	76.25±2.17	5.47±0.31	79.92±3.38	29.37±0.69	57.10±0.57	12.45±1.10	0.32±0.02	20.90±2.50
笼养	36.61±0.94	73.35±0.76	6.04±0.56	84.60±3.75	29.87±0.57	57.73±0.65	12.49±0.3 3	0.31±0.01	32.30±4.10
215 日龄									
放养	35.69±1.02	74.97±2.38	4.74±0.50	76.92±3.51	33.75±2.63	52.79±2.95	14.01±0.74	0.31±0.03	35.90±1.70
室内平养	37.49±9.01	66.53±7.19	4.22±0.76	71.07±0.58	33.82±2.71	53.68±2.37	12.50±1.26	0.28±0.03	23.60±1.60
笼养	35.20±0.91	76.30±0.99	5.68±0.53	83.33±3.29	30.65±0.86	56.13±1.03	13.14±0.22	0.27±0.01	26.85±3.15

注:引自李林笑等,2017。

18. 藏鸡

藏鸡原产于青藏高原海拔 2 200～4 100 m 的农区和半农半牧区，体型轻小，匀称紧凑，头高尾低呈船形，胸肌发达，翼羽和尾羽发达，善于飞翔；羽色比较杂，公鸡羽色多为黑红、大红色，母鸡羽色多为黑麻、黄麻和褐麻等(图 3-16)。成年藏公鸡体重为 1.45 kg，母鸡为 1.05 kg，生长速度慢，体小肉多，肉质鲜美。150 日龄平均体重公鸡 0.78 kg，母鸡 0.60 kg，屠宰半净膛率 75%，全净膛率 70%。放牧条件下，母鸡 240 日龄开产，年产蛋量 60～80 枚，高的可达 100 枚以上，蛋壳颜色为粉色，蛋重较小，平均蛋重 39.5 g。藏鸡适应性和觅食能力强，适合山区、林地或果园放养(数据和图片由张浩提供)。

图 3-16 藏鸡

19. 茶花鸡

茶花鸡原产于滇南西双版纳一带，体型矮小，近似船形，头部清秀，公鸡羽毛除翼羽、主尾羽、镰羽为黑色或黑色镶边外，其余为红色。母鸡除翼羽、尾羽多数是黑色外，其余羽毛为麻褐色，羽毛和颜色与原鸡相似(图 3-17)。因公鸡的啼叫声酷似“茶花两朵”，故名茶花鸡。成年公鸡体重为 1.25 kg，母鸡为 1.05 kg，生长速度慢，肉质鲜美。180 日龄屠宰测定，半净膛率 75%，全净膛率 70%。放牧条件下，母鸡

图 3-17 茶花鸡

180日龄开产，年产蛋量70枚左右，个别可达130枚以上，蛋壳颜色深褐色，蛋重较小，平均蛋重38.2 g。茶花鸡适应性和觅食能力强，适合山区、林地或果园放养(数据和图片由张浩提供)。

20. 石门土鸡

石门土鸡原产于湖南省石门县，属蛋肉兼用型品种，单冠直立，冠齿5～8个，喙黑色，脸、冠、肉垂均为红色。公鸡背部羽色以黑色为主，有少量金黄色，胸部黑色，母鸡羽色纯黑色。胫细长，胫和脚趾为黑色，个别偏黄色(图3-18)。100日龄公鸡体重1.9 kg，母鸡1.6 kg，料肉比(3.3～3.5)∶1，开产日龄150～170 d，500日龄产蛋数170枚，高峰产蛋率85%，蛋壳颜色为粉褐色(数据和图片由喻自文提供)。

图3-18　石门土鸡

二、蛋用型品种

适合放养的蛋用型品种有农大3号小型鸡、绿壳蛋鸡等。

1. 农大3号小型鸡

农大3号小型鸡(图3-19)产蛋性能高，鸡蛋鲜美。22～61周龄放养期间平均产蛋率76%，日耗料89 g，平均蛋重53.2 g，蛋重大于普通地方鸡，每只鸡年产蛋量11 kg，料蛋比2.2∶1。淘汰鸡体重小，屠体美观。农大3号小型鸡还有温顺(篱笆

图3-19　农大3号小型鸡

50 cm 高即可)，不乱飞，不上树，不易炸群，易于管理等特点。适合在林地或各种果园放养。

2. 绿壳蛋鸡

绿壳蛋鸡原产于江西省东乡县，又称东乡黑羽绿壳蛋鸡(图 3-20，黄卓焕提供)。绿壳蛋鸡体型小，236 日龄公鸡体重约 1.6 kg，母鸡体重约 1.1 kg。屠宰率公鸡约 88%，母鸡约 87.3%。全净膛率公鸡为 69.3%，母鸡为 58.9%。154～161 日龄开产，500 日龄年产蛋数 202 枚，300 日龄平均蛋重约 43 g。张彩云等(2017)测定不同周龄新杨绿壳纯系蛋鸡蛋品质见表 3-6。

图 3-20　绿壳蛋鸡

表 3-6　不同周龄新杨绿壳纯系蛋鸡蛋品质

周龄	蛋重/g	蛋黄比例/%	蛋黄颜色	蛋白高度/mm	哈氏单位
26	39.80±3.83^{C}	29±2^{C}	7.77±0.93^{A}	6.63±1.43^{A}	86.9±9.07^{A}
40	46.10±3.89^{B}	33±2^{B}	7.15±0.83^{B}	5.01±0.97^{B}	73.8±7.18^{B}
60	48.36±4.49^{A}	35±2^{A}	6.53±0.85^{C}	3.87±0.71^{C}	62.9±7.13^{C}
周龄	蛋形指数	蛋壳强度/(kg/m^{2})	蛋壳厚度/mm	蛋壳比例/%	蛋壳重/g
26	1.33±0.06^{B}	4.06±0.96^{A}	30.2±1.77^{C}	10.41±1.01^{A}	4.14±0.50^{C}
40	1.31±0.05^{C}	3.64±0.80^{B}	31.5±2.95^{A}	10.53±0.88^{A}	4.84±0.52^{A}
60	1.36±0.06^{A}	3.14±0.79^{C}	30.8±2.64^{B}	9.57±0.87^{B}	4.62±0.53^{B}

注：①同列数据中，肩标不同大写字母表示差异极显著($P<0.01$)。

②引自张彩云等，2017。

三、肉用型品种

1. 黄鸡

黄鸡的品种很多，按生长速度分为快速黄鸡、中速黄鸡、慢速黄鸡。快速黄鸡适合笼养,中速黄鸡和慢速黄鸡适合放养。中速黄鸡一般饲养期 90 d,体重达 1.8～2.0 kg,料肉比 2.6∶1;慢速黄鸡一般饲养期 105～120 d,体重 1.5 kg,料肉比 3∶1。由于黄鸡觅食性不强,不上树,适合果园或高密度集中饲养(图 3-21)。

图 3-21　黄鸡

2. 麻鸡

麻鸡(图 3-22)羽毛呈麻色,具有温顺、生长速度慢、肉质鲜美等特点。目前有很多培育麻鸡品种,生长速度得到改善。105 d 出栏体重 1.4 kg,料肉比 3.7∶1。

图 3-22　麻鸡

第四章　鸡场选址和鸡舍工艺

第一节　鸡场选址和建筑要求

有机鸡对饲养环境、饲养过程要求很高，养殖前需要专家进行现场勘察，通过对空气、土壤、水源进行检测，确定无污染，符合有机鸡养殖条件，才能进行养殖。

一、有机生产对养殖场的选址要求

有机鸡生产虽然对选址没有具体要求，但首先需要遵守一般养殖场生物安全和卫生条件选址要求，即场址应选择地势高燥、采光充足和排水良好，隔离条件好的区域。应符合：

①鸡场周围 3 km 内无大型化工厂、矿厂等污染源，距其他畜牧场 1 km 以上。

②距离村、镇居民点 1 km 以上。

③不在饮水水源、食品厂上游，距离水源或饮用水渠保护地 1 km 以上，距离河流 1 km 以上。

④距离公路 100 m 以上。

二、有机鸡生产对环境要求

有机鸡生产需要保证鸡群有足够的活动面积，需要提供户外环境让鸡群自由活动。户外的土壤、环境安全就成了重要因素。要求周边土壤是自然状态，未进行耕种，或耕种后至少 3 年休耕或 3 年内未使用化肥、农药、除草剂等化学合成药品。

三、建筑工艺和要求

活动场所和鸡舍条件必须对鸡能起到保护作用，维持一个相对舒适的环境，提供通风良好和相对清洁的垫料，能让鸡自由活动，享受天性。此外，鸡必须能到室外进行活动，享受新鲜空气、阳光，能够抓、刨。如果鸡与反刍家畜在一起饲养，有助于对草场的管理，减少刈割的次数。

有机鸡的生产对建筑没有具体要求，可以采用简易栖架饲养，也可以采用现代散养设施饲养(图 4-1)。无论采用何种方式，要满足做到以下基本条件。

外观

内部结构

图 4-1　德国有机鸡饲养房舍

①鸡舍必须具备维持舒适的温度环境，空气流通，自然光照充足，但应避免过度的太阳照射。建筑需要保证采光良好(图 4-2)。

栖架

产蛋箱和过道

图 4-2　德国有机蛋鸡鸡舍内部结构

②提供通风和清洁的垫料，允许鸡能实施自然行为。需要提供足够的户外运动场，应使所有鸡在适当的季节能够到户外自由运动。鸡能自由出入鸡舍到锻炼区，呼吸新鲜空气和享受阳光，刨坑和沙浴。运动场地可以有部分遮蔽。因而，户外需要有遮阳棚(图 4-3)。

③保持适当的温度和湿度，避免受风、雨、雪等侵袭，即需要有鸡舍建筑，除简单的防风、避雨要求之外，建筑材料要求夏天能隔热，冬天能保温。此外，还要求不使用对人或鸡群健康明显有害的建筑材料。

④要有足够的饮水和喂料器具。

⑤舍内地面要求不能全部硬化，或硬化后需要铺垫料。如果垫料能被鸡群采

食，垫料必须是有机的。垫料也不能像常规生产一样进行处理，不能采用工业用的亚硫酸氢钠处理垫料。

⑥不应采取使畜禽无法接触土地的笼养等饲养方式和完全圈养、舍饲、拴养等限制鸡自然行为的饲养方式。美国有机生产方案(NOP)不特别强调室内和室外的饲养密度，但很多有机认证机构希望室内饲养密度每只鸡占地 0.7 in^2(0.07 m^2)以上，甚至至少 1.5 in^2(0.14 m^2)。对一个鸡舍饲养鸡数没有限制，NOP 也不强调每只鸡户外面积。欧盟的规定："有机饲养"每只鸡的活动空间大于 2 m^2，生长期大于 81 d；"走地鸡"分别是 1 m^2 和 56 d；而"肉鸡"，每平方米可以养 15～20 只，生长期一般在 6 周之内。

此外，为了保证土地对畜禽粪便的消纳，防止有机肥料过多对周围环境以及水体可能造成的污染，欧盟有机农业规定动物的饲养密度控制在(粪便)氮 170 kg/hm^2 耕地水平以下。

遮阳棚

围网

图 4-3　德国有机鸡鸡舍外围图

第二节　饲养方式与建筑要求

一、集中饲养方式

可以建设面积较大的鸡舍，按照饲养密度要求进行规模化散养。

二、分散饲养方式

由于土地的承载量有限，为实现鸡群和周边生态的可持续性生产，不至于鸡群对周边环境形成破坏，建议采用分散饲养方式，以放养为主。

1. 按照鸡群活动范围的饲养方式

国际上研究认为，鸡群一般的最大活动半径为 350 m。当然，不同品种鸡活动半径不同。相对来说，地方鸡活动半径较大，良种鸡活动半径较小，黄羽肉鸡活动半径更小，快大型肉鸡、北京油鸡活动半径最小。

根据活动半径分群、建造鸡舍有利于管理，结合适当的饲养密度保持生态的可持续性。以 100 m 为半径，鸡群的活动范围为 10～15 亩(1 亩≈667 m^2)，每亩地承载量根据不同降雨量而有差别，北方地区为 40～60 只/亩。因而，鸡群宜以 500 只为一群进行分散饲养。

对于 500 只规模的鸡群，建议鸡舍要求建筑材料采用简易保温材料或砖墙结构(图 4-4)，长 5 m、宽 6 m、高 1.8～2.5 m。南面设立窗户或不设窗户，窗户长 1.5 m、高 1.5 m，离地 30 cm；开地窗 3 个，长 45 cm、高 35 cm；屋顶安装直径 45 cm 无动力风机或留通风口。

图 4-4　放养鸡舍(有窗)

此外，对于气候炎热，不需要保温的地区，也可以采用开放式鸡舍(图 4-5)，内设栖架和产蛋箱，饮水喂料装置可以放在鸡舍内或鸡舍外。关键是鸡舍要能遮风挡雨。

图 4-5　A 形开放式鸡舍

高级的放养可以采用半自动鸡舍，鸡舍内部铺设塑料地板，实现离地饲养，减少与粪便接触的机会；粪便可以通过传送带传出，降低粪便发酵程度，确保鸡舍卫生；鸡舍内水箱和乳头饮水器，确保鸡群自动饮水；中间或一侧设产蛋箱，鸡蛋可以由传送带传出，避免鸡蛋在鸡窝中被粪便污染或被其他鸡蛋碰碎。鸡舍还有外挂食槽，饲养人员在鸡舍外喂料。此外，还有通风窗等确保鸡舍通风等环境要求(图 4-6 和图 4-7)。

图 4-6　500 只半自动鸡舍

图 4-7　250 只半自动鸡舍

2. 按照家庭成员制的饲养方式

由于鸡群与其他动物一样可以建立家庭。自然条件下，一只公鸡能与 35 只左右母鸡建立家庭。因而，国内有采用 1 只公鸡与 35 只母鸡组成小群体的饲养方式。该方式在一亩地建造一栋小型鸡舍(图 4-8 至图 4-10)，饲养 36 只鸡，放养密度也低于通常认为的一亩地 50 只，可以有效地维护养殖区域的生态平衡。但是，该方式鸡舍过于分散，需要建造更多的鸡舍，投资大。

图 4-8　家庭式放养鸡舍外观

接粪盘

运动场和鸡舍出入梯

图 4-9　家庭式放养鸡舍(一)

鸡舍内部

板条式地板和产蛋箱

图 4-10　家庭式放养鸡舍(二)

国内甚至有人提出,1 只公鸡与 10 只母鸡组成的家庭制生产模式,生产所谓的"生命蛋",即受精蛋。目前,虽然不能说明受精蛋与非受精蛋营养价值有何差别,但自然生产中公鸡与母鸡混合饲养,鸡蛋多为受精蛋。建立家庭制生产方式主观上希望公鸡与母鸡能以家庭方式形成和谐社会,生产受精蛋。但客观上,由于个别公鸡发育和健康的问题,不能保证鸡蛋全部受精。因而,要实现受精蛋的生产,最好的方式还是多只公鸡与母鸡混合饲养效果更好。

三、移动式鸡舍

移动式鸡舍即可以随处移动的鸡舍,通过人力、畜力或机动车拉动的鸡舍。移动式鸡舍有助于鸡群在草地上进行轮牧,避免长期停留在同一位置,造成过牧,引起土壤沙化现象;同时,还可以减少由于鸡粪中可能带有寄生虫虫卵,引起鸡群食入粪便中的虫卵,发生土壤源型寄生虫的风险。当然,移动式鸡舍并不能消除由于鸡群排泄的粪便导致病原性疾病的风险。

一般来说,移动式鸡舍饲养量较小,根据饲养规模调整鸡舍大小。移动式鸡舍面临的困难是其他需要的用具,如饲料、垫草、水等均需要转运,提高了劳动量。另外,除非安装人工太阳能设备,否则难以采取产蛋期的补光措施。人力移动的鸡舍面积小,简陋,造价相对较低,经济实用。畜力或机动车牵引移动式鸡舍面积相对大,设施完善,但重量也大。

移动式鸡舍分开放式移动鸡舍和密闭式移动鸡舍。开放式移动鸡舍,即鸡舍四周与外界相通,鸡舍相对简单,主要用于肉用型鸡放养。开放式鸡舍有采用完全开放,满足鸡群自由出入的方式;也有采用鸡舍四周安装铁丝网的方式,避免夜间野兽对鸡群的袭击。开放式鸡舍多用于日龄较大的鸡群,气温不低的季节,尤其适用于天气炎热的夏季。一些在林间放置的开放式鸡舍不仅有生产功能,还可以作为观光、生活体验的项目。开放式鸡舍也可以配置封闭式产蛋箱,鸡舍内安装开口,产蛋母鸡由鸡舍开口进入产蛋箱产蛋。

有些鸡舍由于保温需要,鸡舍四周均用保温材质建造,相对密闭,但鸡舍需要有通风窗进行通风换气,可以避免夜间降温影响鸡群发育或产蛋,可以满足一年四季放牧的要求。对于放牧日龄较小,仍然需要保温的鸡群,或在早春气温不高的季节放牧,可以选择密闭式鸡舍。

对于兽害或野禽比较多的地区,为避免鸡群受到野禽或野兽的袭击,可以采用带封闭运动场的鸡舍,运动场由网格较小的铁丝网组成(图 4-11)。有些造型美观的鸡舍还可以在一些观光地区放置,形成一道风景,并可以让小朋友进行喂料、捡鸡蛋等体验。图 4-12 特里西宠物鸡舍复式公寓由两个相同的鸡舍组成,同时鸡舍配有产蛋箱,取蛋可以揭开外面的盖子直接取,人不需要进入鸡舍内部,方便简单。此外,鸡舍下方配有类似抽屉的装置,用于鸡粪清理。其他地方有铁丝围网,保证鸡群的安全。由于草地上小鸡棚或田地里的小鸡棚不能提供足够的活动空间,不能让鸡充分享受天性,有机鸡生产中受到限制。因而,小鸡舍白天应该让鸡自由出入,夜间进行封闭。

图 4-11　带固定运动场的密闭式移动鸡舍

图 4-12　特里西宠物鸡舍复式公寓
（引自：http://www.myday.cn）

第三节　舍内设施

有机鸡生产除鸡舍建筑外，还需要一些饮水、喂料、鸡蛋收集、清粪等设施。

一、饮水设施

有机鸡生产对饮水设施没有明确规定。不同阶段的鸡可以采用不同的饮水设施。雏鸡饲养多是在室内进行，最好采用真空饮水器（图 4-13）或乳头饮水器（图 4-14）。对于鸡群更多的在室内活动的有机鸡生产以乳头饮水器为主，对于室内、室外活动的鸡舍也可以采用乳头饮水器，或普拉松自动饮水器。

图 4-13　雏鸡真空饮水器

图 4-14　乳头饮水器

对于移动式鸡舍，可以采用鸡舍外挂普拉松自动饮水器或用塑料桶，底部安装乳头制作简易饮水装置（图 4-15）。简易饮水装置可以为鸡连续提供清洁饮水，避免鸡将饲料带入饮水中，也利于管理。

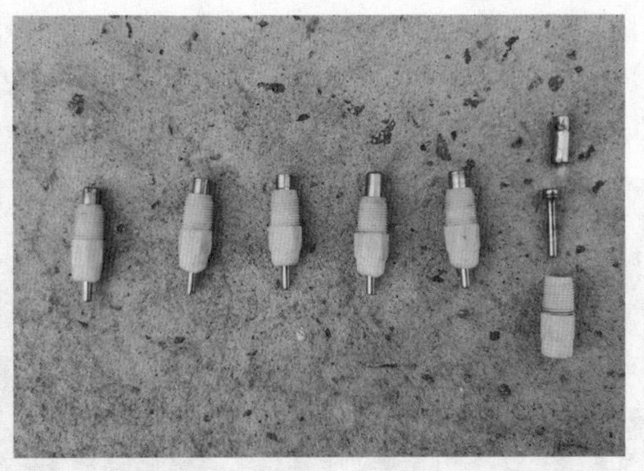

图 4-15 简易乳头饮水装置

二、饲喂设施

饲喂可以采用鸡专用料桶饲喂或料槽饲喂。

三、栖架

可以采用地面平养搭建栖架的方式。也可以选择离地饲养、地面铺地板等方式。

栖架式要求每平米饲养密度在 20 只以下。栖架选用直径 35～50 cm，长 4 m 的木杆或竹竿搭建（图 4-16），总长度为 76～84 m。栖架在鸡舍呈“人”字形摆放，靠墙的可以采用半“人”字形排列。栖架与地面成 45°角，7 层，每层间距为40 cm。采用乳头饮水器实现自动清洁供水，水线可安装在栖架底层的木杆上或单独安装。500 只蛋鸡需安装 60～70 个乳头，乳头间距为 10 cm。

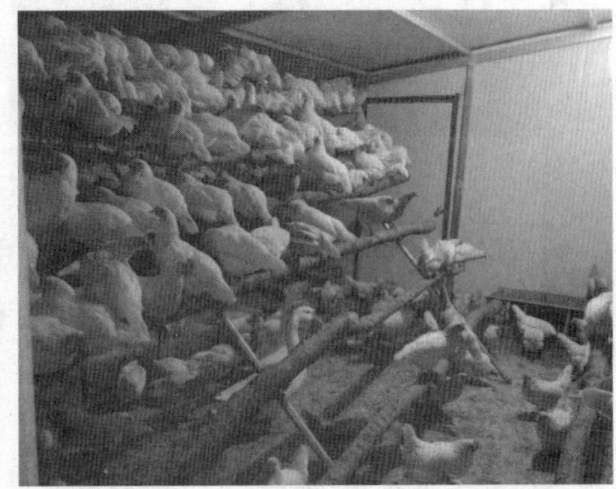

图 4-16 鸡舍内部栖架

采用栖架式最好在地面铺垫料（图 4-17）。垫料即可以帮助吸收粪便中的水分，避免垫料潮湿，改善鸡舍环境，还有助于减少鸡群与粪便的接触，降低感染寄生虫的概率。不过垫料尽量干燥,需要定期清理,更换,或者持续性添加,才能保持鸡舍环境的清洁,避免疾病感染,但不能过于干燥,以免导致粉尘过大。湿度应保持在70%以下。垫料可以是麦秸、刨花、堆肥和沙土或以上物品的混合物。

图4-17 厚垫料鸡舍

对于产蛋鸡来说,垫料不能太厚,防止产蛋鸡指甲脱落。如果室外没有沙浴的场地,可以在室内配备。

也可以采用地面铺地板的方式,让鸡粪通过地板漏出(图4-18左图),实现鸡群与粪便分离。同时,通过地板下安装刮粪板(图4-18右图),将粪便进行定时清理,有利于收集排泄物,保持鸡舍卫生。但要求每平方米地面饲养密度在12只以下。

舍内地板场景

半自动刮粪板

图4-18 地板式鸡舍

四、产蛋箱

每5只鸡应配备一个产蛋箱,或者1 m长的空间满足80只鸡产蛋(图4-19)。产蛋箱应放置在鸡舍安静、避光的位置。可以采用鸡蛋自动滚出的产蛋箱,避免受到鸡粪或鸡爪带入的泥土污染。小型鸡场也可以采用鸡蛋不能滚出的传统产蛋窝,或采用废弃的水果筐、蔬菜筐做产蛋箱收集鸡蛋(图4-20),或在鸡舍犄角用木块或建筑废弃物搭建简易产蛋窝(图 4-21)。由于室外光线通常较强,不宜形成安静的环境,不主张在室外搭建产蛋窝(图 4-22)。

图 4-19 清洁产蛋箱

图 4-20 用废弃的蔬菜筐或水果筐做产蛋箱

图 4-21 地面设置的产蛋箱

图 4-22 室外用砖搭建的产蛋窝

一些在室外放置的鸡舍可以将产蛋箱设置在鸡舍与室外相通的位置，便于从室外捡蛋(图 4-23)。这种蛋窝结构便于进行捡蛋体验。

图 4-23　从室外可以捡蛋的鸡舍

(引自：http://thepoultryguide.com/category/knowledge-centre/poultry-farming)

对于移动式鸡舍，如果鸡群数量少，可以采用单层产蛋窝(图 4-24)，对于鸡群数量大，为尽可能地在有限的空间满足蛋鸡产蛋的需要，可以采用双层产蛋窝(图 4-25)。

图 4-24　单层产蛋窝

(引自：http://thepoultryguide.com/category/knowledge-centre/poultry-farming)

图 4-25　双层产蛋窝

(引自：http://thepoultryguide.com/category/knowledge-centre/poultry-farming)

无论是单层，还是多层产蛋窝，对于产蛋后蛋因不能滚出而容易受到粪便或泥土污染的产蛋窝，需要在产蛋窝中铺垫草，并且需要根据垫草的清洁程度经常更换。

国际上，一些公司为室外有机鸡饲养提供标准化鸡舍设计方案(图 4-26)。由于不同的饲养量鸡舍面积不同，实际生产中，生产者需要根据饲养规模考虑鸡舍大小和建筑模式。

国内也提出半自动鸡舍建造方案，对于经济条件好的养殖场，可以采用每公顷地放置一个半自动放养鸡舍，实现饮水、喂料、捡鸡蛋、清理鸡粪半自动化。半自动鸡舍分 500 只规模鸡舍(图 4-27)，200 只规模鸡舍(图 4-28)。

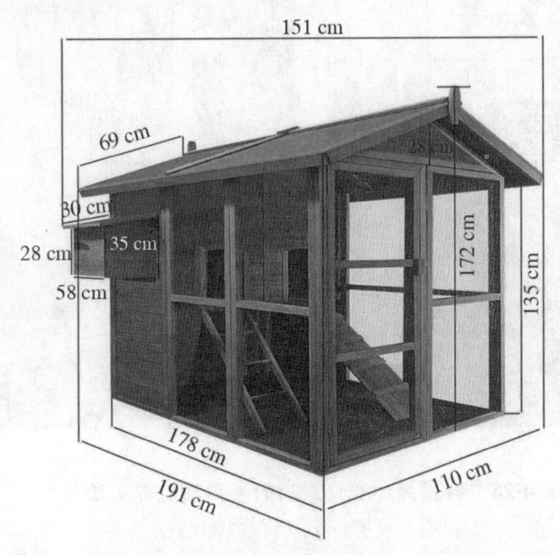

图 4-26　鸡舍结构及尺寸示意图

(引自 http://thepoultryguide.com/category/knowledge-centre/poultry-farming)

图 4-27　容量为 500 只蛋鸡的半自动放养鸡鸡舍

A.鸡舍内景　B.半自动产蛋箱和乳头饮水器　C.外挂料槽　D.半自动传粪带

A　　　　B

图 4-28　容量为 200 只蛋鸡的半自动放养鸡鸡舍

A. 鸡舍外景　B. 鸡舍内部结构

五、围网

如果没有必要，可以不用安装围网。但是，如果当地野生肉食动物比较普遍，需要安装围网。

围网最有效的方式是采取电网。如果没有电网，可以采用 2 m 高的铁丝网或尼龙网，部分埋在地平面以下（图 4-29），围网高度根据鸡品种的飞翔能力决定，一般 1 m 以上或 2 m。

图 4-29　鸡舍外围栏或铁丝围网

六、补光设施

对于没有电网的林地、山区或移动鸡舍，可以采用太阳能电池板补光（图 4-30）。通常 1 m^2 太阳能电池板可以提供 200 W 光照功率。

图 4-30　太阳能电池板补光

七、光照控制器

对于产蛋鸡来说，由于需要实行光照时间控制，建议采用自动光照控制仪（图 4-31）对早晨开灯和夜间关灯的时间进行控制。

图 4-31　自动光照控制仪

第五章 有机鸡的饲养技术

由于有机鸡生长慢,通常饲养周期长,有机鸡还需要到舍外进行活动,接受复杂多变的外部环境挑战。有机鸡生产要求肉用鸡,不超过 2 日龄,兼用型或蛋用型可放宽到 2 周龄起,按照有机要求进行饲养,即必须遵照有机生产密度、饲料和用药等要求。因而,有机鸡生产也有别于普通肉鸡或蛋鸡以及放养鸡生产,有机鸡的饲养更为复杂。由于鸡饲养涉及雏鸡保温、脱温过程,通常产蛋用有机鸡按雏鸡、青年鸡和产蛋鸡等阶段饲养。肉鸡可以参考雏鸡、青年鸡饲养。

第一节 雏鸡的饲养

雏鸡是指 0～4 周龄的鸡。雏鸡是一生中生长发育最旺盛的时期,也是最娇嫩的时期,抗病力弱、抗寒能力差、胆小怕惊、消化机能发育不健全。必须进行科学的饲养,精心的管理,才能获得良好的育雏效果。

一、雏鸡的选择

虽然有机鸡生产没有对引种来源提出明确要求,但提出应从无沙门氏菌的种鸡场引种,确保雏鸡健康。此外,出于对雏鸡质量的考虑,建议从有种鸡生产许可证的正规种鸡场或孵化场引雏,不要从散户收集鸡蛋进行孵化的孵化场引雏。进雏时应仔细检查雏鸡质量,避免引进弱雏或残雏。肚小、松软,脐带吸收良好,活泼有神的雏鸡为健康鸡雏;如果大肚子、脐带出现豆样突出或脐部发青、羽毛不全或粘连、不活泼、打蔫则是弱雏;不能站立、眼睛不能张开或出现瞎眼、歪嘴、转脖等为残雏(图 5-1 至图 5-5)。

由于不同日龄母鸡体重有差异,母鸡的体重影响蛋重的大小,继而影响雏鸡体重,导致发育均匀度差,应尽量选择来自同一日龄母鸡的健康雏鸡。

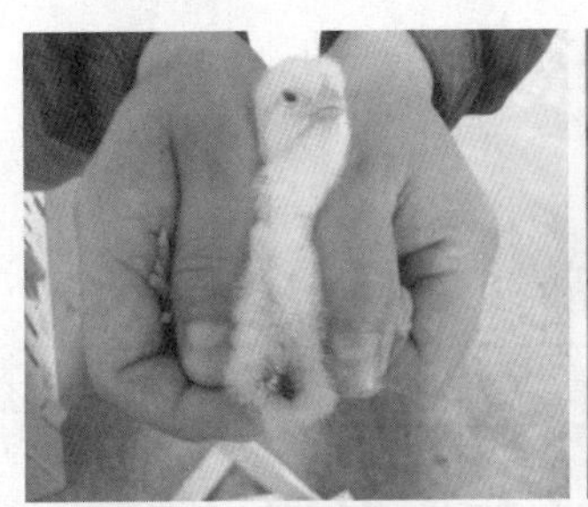
图 5-1 弱雏(钉脐)

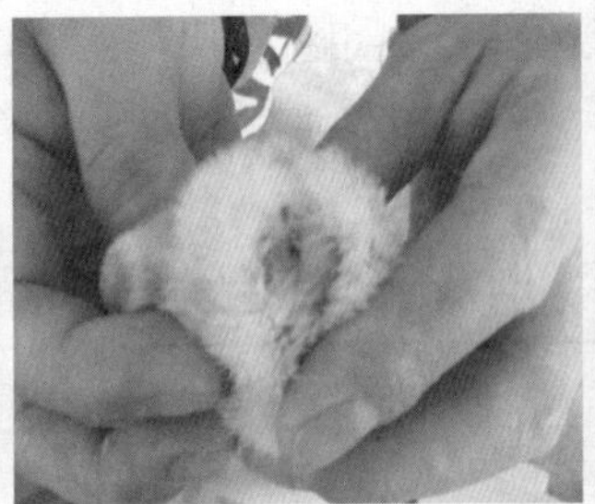
图 5-2 脐部愈合不良

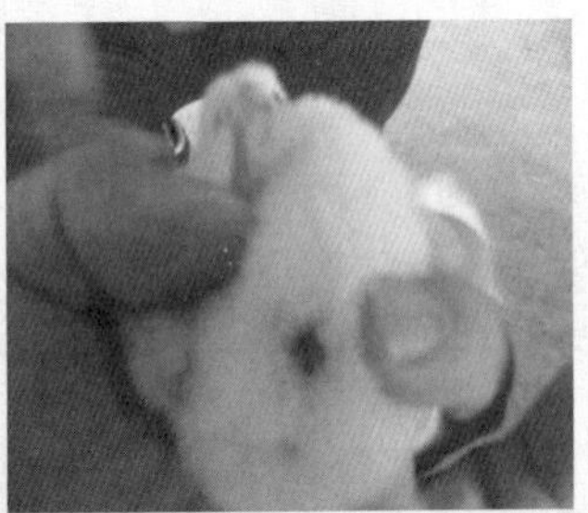
图 5-3 大肚子、脐部发青

图 5-4 残雏(不能站立)

图 5-5 残雏(瞎眼、歪嘴)

(一)雏鸡的饲养方式

由于地面平养容易导致雏鸡患球虫病,有条件的地方优选网上饲养方式育雏(图 5-6),其次选择地面平养育雏。

图 5-6 网上育雏

如果进行地面平养育雏,垫料选择要注意以下几个方面:垫料的吸水性、来源和成本;刨花或锯木屑、稻壳、麦秸、玉米秸、细沙等常常被用作垫料,锯木屑、玉米秸吸水性好,但容易结块;稻壳、麦秸吸水性差,不容易结块。如果能将吸水性好的锯木屑与吸水性差的稻壳混合使用效果最好。

质量差的垫料会降低鸡尤其是肉用型鸡屠体质量，提高腿病发生率，还会显著提高胸囊肿的发生率，湿垫料还显著增加脚垫的发生率。垫料对鸡舍环境和生长效果的影响见表 5-1 和表 5-2。

表 5-1 垫料对室内环境质量的影响

项目		氨气浓度/(mg/L)			粉尘浓度/(mg/m³)	
		3～4 周龄	4～5 周龄	5～6 周龄	4～5 周龄	5～6 周龄
垫料类型	碎草＋细沙	2.74±0.18[a]	10.37±1.09[b]	16.35±1.19[b]	6.45±0.49[a]	6.35±0.41[a]
	碎草	2.59±0.18[a]	13.91±1.09[a]	20.69±1.19[b]	3.64±0.49[b]	4.29±0.41[b]
	刨花	0.95±0.18[b]	7.06±1.09[b]	16.79±1.19[b]	5.45±0.49[a]	5.97±0.41[a]
饲养密度	10 只/m²	1.45±0.15[b]	5.24±10.89[c]	9.49±0.97[b]	4.28±0.40[b]	5.48±0.33[a]
	15 只/m²	2.74±0.15[a]	15.66±0.89[a]	26.40±0.79[a]	6.07±0.40[a]	5.59±0.33[a]

注：①同列数据中，肩标不同小写字母表示差异显著（$P<0.05$）。
②引自 Homidan，2003。

表 5-2 垫料对肉鸡生产性能的影响

项目		体重/g		日均采食量/g	
		4 周龄	6 周龄	0～4 周龄	0～6 周龄
垫料类型	碎草＋细沙	956±3.79[b]	1 862±6.44[b]	53.50±0.61[b]	79.75±2.0[a]
	碎草	945±3.86[c]	1 870±6.57[b]	52.25±0.16[b]	78.25±2.0[a]
	刨花	1 040±4.04[a]	1 933±6.87[a]	56.75±0.16[a]	81.25±2.0[a]
饲养密度	10 只/m²	987±3.44[a]	1 939±5.84[a]	56.00±0.50[a]	84.00±1.64[a]
	15 只/m²	973±2.91[b]	1 837±4.94[b]	52.33±0.50[b]	75.50±1.64[b]

注：①同列数据中，肩标不同小写字母表示差异显著（$P<0.05$）。
②引自 Homidan，2003。

（二）进雏准备、接雏

鸡舍所有设备冲洗干净，并将鸡舍空舍干燥 10～12 d 后，将所有的用具放到鸡舍。地面平养铺上干净、干燥、无霉变的垫料，如稻壳、铡短成 3～5 cm 的麦秸或 7～10 cm 的玉米绒；网上饲养则搭好笼架，安装好隔网。先用广谱消毒药按说明书要求进行全面喷洒消毒。如果采用自动饮水系统，还要对饮水系统进行清洗消毒，包括清洗过滤器、水箱和水线。水线可采取用消毒药浸泡 1～3 h，然后将消毒水放净，用清水冲洗干净，然后每立方米空间用 30 mL 福尔马林、15 g 高锰酸钾和 30 mL 水熏蒸消毒。48 h 后将门窗打开，除去残留的福尔马林气体，并清除溅在地面或垫料上的消毒废液，准备接雏。

接雏前 2 d(夏天提前 1 d)开始给育雏舍加温，让育雏室温度达到 33～35℃，然后将饮水器灌满水,水中可以加3%葡萄糖或电解多维。在料桶或料盘中撒入少量饲料,放置在明显的位置。加温最好采用水暖(图5-7)、畜舍空调风机盘管加热(图5-8),避免直接在雏鸡舍放置煤炉升温,防止产生一氧化碳导致雏鸡中毒,或烟尘过多导致雏鸡发生呼吸道疾病。

图5-7 暖气片加热

图5-8 畜舍空调加热器

雏鸡到来前,先检查温度、饲料、饮水设备是否供水正常。雏鸡到来后,将雏鸡均匀地放置在鸡舍靠近料盘、饮水器具的地方,进行训水和训食。

(三)育雏温度要求

不同的雏鸡品种和雏鸡质量要求育雏温度不同,应将温度计放置在鸡活动高度或位置来观察温度。蛋鸡养殖各日龄的温度参考表5-3,适宜温度应视鸡群活动情况而定,温度控制避免出现扎堆或喘气现象。

表5-3 蛋鸡养殖温度控制要求

项目	0～3日龄	4～7日龄	2周龄	3周龄	4周龄	5周龄以上
温度/℃	37～35	34～32	31～28	27～26	24～21	20～18

建议使用能显示最高、最低温度的医用温度计(图5-9)测定鸡舍温度,可以了解之前的育雏舍所达到的最高温度和最低温度以及读数当时温度,以便合理安排供温措施。

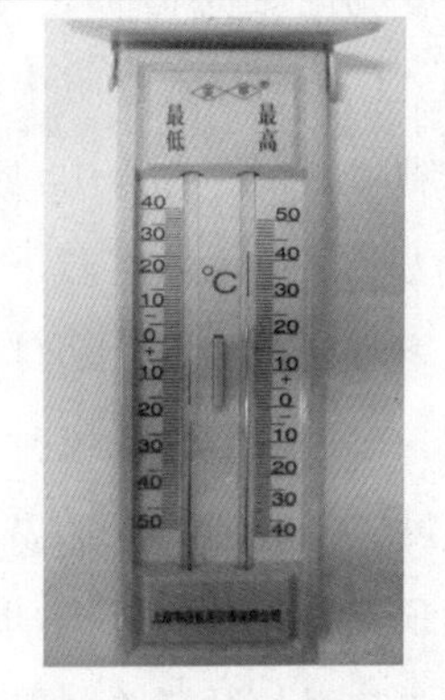

图5-9 能显示最高温度和最低温度的医用温度计

要经常检查鸡群状况,温度是否适宜可以根据鸡群的状况来判断。如雏鸡扎堆(图5-10),说明温度过低,此时应提高温度。鸡群扎堆,很容易导致堆积死亡。此外,温度过低,导致鸡群活动性能减弱,影响采食和饮水,也是导致死亡的重要因素。

如果雏鸡分散良好(图5-11),运动自如、则说明温度正常。

如雏鸡翅膀张开，张嘴喘气（图 5-12）或身体紧贴笼网说明温度过高，此时应逐渐降低温度。高温使雏鸡采食量降低，导致雏鸡体重减轻。温度过高导致雏鸡出汗，而后如果鸡舍降温下降过快，雏鸡容易受凉，导致雏鸡死亡率升高，发生应激，脱水。因而，要注意雏鸡舍温度不能忽高忽低，昼夜温差变化不要超过 1℃。

育雏后期温度不能过高，适当低温有助于促进雏鸡采食，增加体重。

图 5-10　温度偏低
（雏鸡扎堆）

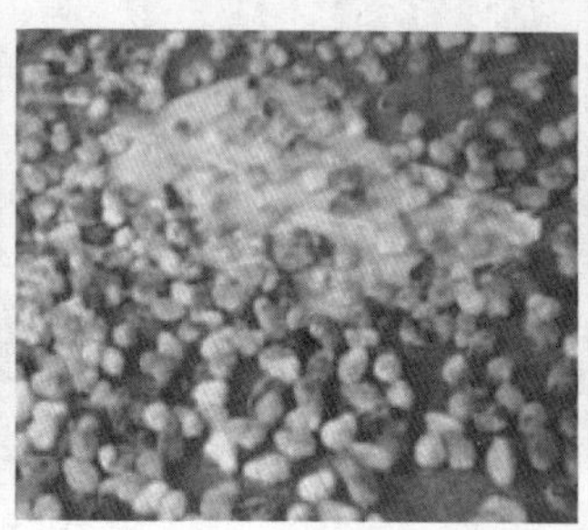

图 5-11　温度适宜
（鸡群分散均匀）

图 5-12　温度偏高

（四）通风要求

由于雏鸡需要保温，通风经常被忽视。饲料可以产生大量的粉尘，如果鸡舍空气中总粉尘浓度超过 4.20 mg/m^3，会对呼吸道产生刺激并引起发炎，降低鸡对疾病的抵抗力，增加疾病的易感性，容易出现慢性呼吸道疾病。鸡对氨气特别敏感，当氨气浓度超过 20 mg/L 时，对鸡的黏膜产生强烈刺激，能引起结膜、上呼吸道黏膜充血、水肿。硫化氢同样对蛋鸡产生危害，它对呼吸道有刺激性和窒息性。长期低浓度硫化氢的毒害可使鸡体质下降，抵抗力降低，生产性能下降，浓度超过 10 mg/L 时会导致呼吸中枢麻痹而死亡。

雏鸡的饲养过程中，要在确保室温的前提下，加强通风换气，保持室内空气新鲜。为防止通风后室温下降，通风后应将室温升高 1～2℃。通风要循序渐进，严禁通风时窗户和门全部打开。窗户和门在早晨、傍晚温度低时小敞，中午温度高时大敞；有风时小敞，无风时大敞。当进入鸡舍，感觉气味刺鼻时，必须通风，提高室内温度。饲养前期以保温为主，兼顾通风；饲养后期以通风为主，兼顾保温。建议在屋顶安装无动力风机（图 5-13），热空气或湿气通过屋顶风机自动排放。屋顶风机通过拉绳拉开或关闭风机内风筒的挡风板（图 5-14）增加通风量或减少通风量。

图 5-13　屋顶风机舍外图

图 5-14　屋顶风机舍内图
（通过开闭调节板调节通风量）

(五)湿度要求

育雏前 2 周，有条件的养殖场建议通过加湿设备提高湿度(图 5-15)，无条件的养殖场也可以采用在火炉上放置水壶、地面洒水等，通过水蒸发的方式，将湿度保持在 60%～70%，有助于雏鸡羽毛生长，可以减少育雏前期死亡率，减少呼吸道疾病，提高发育速度。3 周龄以后保持干燥，湿度控制在 50%以下，可以减少呼吸道疾病和寄生虫疾病的发生。

图 5-15　鸡舍空舍喷雾消毒

(六)密度、食槽、饮水器具要求

不同饲养阶段，有机鸡有严格的饲养密度要求。还要注意保证有足够的食槽、水槽或乳头饮水器。雏鸡采食、饮水不够同样影响雏鸡发育。育雏期和育成期饲养密度和采食、饮水位置见表 5-4，避免饲养密度过大(图 5-16)，达到要求的密度(图 5-17)。

表 5-4 有机鸡生产要求

项目	UKROFS	Siol 协会	IFOAM	欧盟有机畜禽建议
年龄/d	1	1	1 或 2	少于 3
青年鸡转换的最大周龄/周	16	16		18
转换阶段	6 周	6 周		蛋鸡:10 周 肉鸡:24 个月
鸡舍条件				
通常		永久建筑,网上或栖架	根据需要	足够的通风,产蛋窝保持干燥,足够大 肉鸡:一侧总面积不能超过 1 600 m^2
饲养密度				
蛋鸡	7 只/m^2 或 17 kg/m^2 带栖架	7～10 只/m^2 或 15 kg/m^2, 垫料 7 只/m^2,栖架 25 只/m^2		垫料 7 只/m^2 栖架 25 只/m^2
肉鸡	34 kg/m^2	12 只/m^2 或 25 kg/m^2		12 只/m^2 或 25 kg/m^2
垫料面积				
蛋鸡	需要	需要	自然条件	占 1/3 空间
肉鸡	75%,25%栖架	地面面积的 75% 需要干燥,不能硬化	自然条件	占 1/3 空间
栖架	适度的	20(15)cm/只		需要
产蛋窝		每 5～8 只 1 个		需要
鸡群大小	稳定的群体	蛋鸡:100 只或 500 只 肉鸡:200 只或 500 只		根据行为需要,每个鸡舍最大 4 800 只

雏鸡饲养前 3 d 用温水,水温应为 18～20℃。应每天更换新鲜的饮水,每天刷洗、消毒饮水设备,消毒剂可选用碘酊、氯制剂、百毒杀等,消毒完后用清水冲洗饮水设备。要尽量选择乳头饮水器,或刚开始用真空饮水器,再逐渐过度到乳头饮水器。饮水器数量要符合养鸡生产要求。饮水器高度应随日龄变化进行调节,乳头饮水器位置应高于头部 2 cm,让小鸡的头呈 35°～45°喝水,成年鸡的头呈 75°～85°喝水(图 5-18)。杯式饮水器或水槽高度应与鸡背高度平齐。

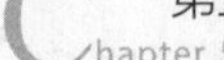

图 5-16　雏鸡密度较大

图 5-17　雏鸡饲养密度适宜

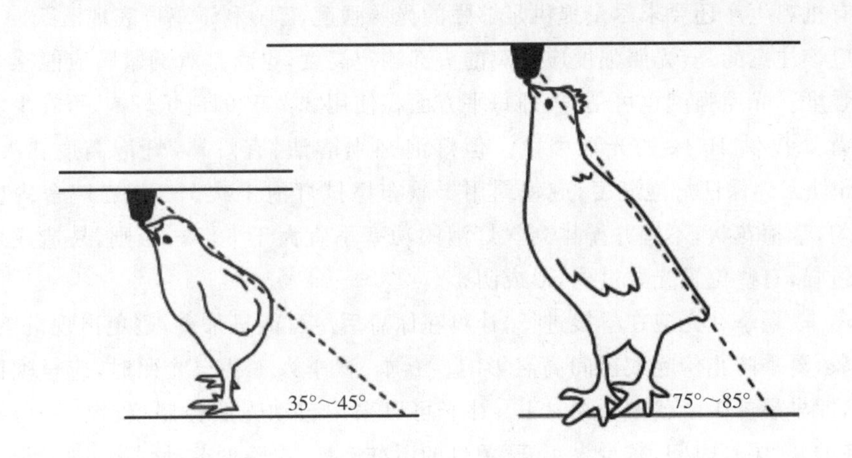

图 5-18　乳头饮水器设置高度示意图

使用乳头饮水器时要经常检查乳头是否正常出水。如果出水过快，出现很多乳头滴水情况，说明水压可能太高，应降低水箱高度（水箱高于水线 30 cm 为正常）或通过调整水压阀调节水压。如果出水量过小，说明水压太低，应提高水箱高度，或增加水压阀压力。应及时发现不出水或出水过快的乳头，进行拆洗或修复，对于不能修复的乳头应及时更换。

（七）饲料及饲喂

建议放养蛋鸡前 2～3 周饲喂蛋雏鸡破碎料，或自行配制营养水平为代谢能 2 850 kcal/kg(1 kcal≈4.18 kJ)，粗蛋白质在 18%以上，赖氨酸在 1.05%以上，蛋氨酸+胱氨酸在 0.78%以上，钙 0.9%～1.0%，有效磷 0.42%以上，食盐 0.4%的粉料或颗粒料。颗粒料效果更好，雏鸡每日饲喂 3～5 次，保证自由采食。喂料时尽量保持饲料新鲜。育雏期应采取少量、多次的原则，每天喂料 3～6 次。由于夜间时间较长，容易长时间饥饿，建议早晨开灯后饲喂全天饲料总量的50%，中午饲喂20%，傍晚饲喂30%。

有条件的饲养场可以在料槽中添加麦饭石或粗砂粒促进消化，一般1～2周雏鸡，每周加1次，每次每只鸡1 g，砂粒直径1～2 mm；3～8周龄期间，每周1次，每次每只鸡2 g，砂粒直径3～4 mm。

（八）光照方案

对于6周龄之前的鸡来说，光照长短不影响其性成熟。6周龄以后光照时间长短影响雏鸡的发育。育雏前期强光照有助于雏鸡熟悉环境，促进采食、饮水活动，有利于体重增加。有机鸡饲养对光照有严格要求，即需要保证至少每天8 h黑暗。有机鸡生产还要求尽量提供足够强的光照强度，2 lx利于鸡群表现活跃。

应该注意的是，光照强度应从鸡的头部测定高度，也就是鸡的眼睛应能感受到光照强度。光照强度也可估算：即每平方面积使用2.7 W的白炽灯泡，可在平养鸡舍鸡背处提供10 lx的光照强度。但灯泡必须清洁、有灯罩，灯泡高度在2.1～2.4 m处。为保证灯泡亮度，应每周用干软布擦拭灯泡1次。灯泡在鸡舍内应分布均匀，呈梅花状，不宜并排排列。灯泡的功率不宜大于60 W，否则，易造成局部光照过强，有些位置光照过弱，形成阴影。

冬季、夏季补光应在早晨进行，让鸡在休息后尽可能早采食，避免出现饥饿、受凉现象，夏季防止傍晚或夜间高温影响。春季、秋季人工补充光照时，应早晚同时进行，即早晨补1 h，傍晚也补1 h。补光可以采用自动光照控制仪（图4-31）控制早、晚的开、关灯时间，减少人工开、关灯的不准确性，也降低劳动强度。

（九）日常管理

每天至少2次进鸡舍观测鸡群活动、采食状况，检测鸡舍温度，根据鸡群状况调整温度；每天拣出死鸡，如果非意外死亡过多时，及时查找原因或请兽医诊断。要注意雏鸡用具卫生，使用料盘喂料时，要每天更换、清洗、消毒后再使用；最好能每天带鸡消毒，对鸡群、鸡舍各个角落进行喷雾消毒。免疫前后2 d停止喷雾消毒。另外还得注意根据大小、强弱、公母及时分群，弱鸡增加营养，使鸡群发育整齐，保持较高的均匀度。

二、育雏管理效果质量监控

良好的管理条件下，雏鸡正常采食会倾向于填充嗉囊。检查嗉囊对于评价雏鸡质量、环境是否恰当非常重要。在理想的管理和雏鸡质量良好的情况下，雏鸡采食正常，嗉囊应充满并呈圆形，里面充满粥样内容物。如果嗉囊内容物硬固，或者通过嗉囊壁能触摸到食物并且能感知到食物的质地，则表明雏鸡饮水很少或没有饮水。如果雏鸡采食很少，检查雏鸡精神状态，胚胎吸收不好、环境温度过低也影响雏鸡的精神状态和采食。

第二节　青年鸡的饲养

一、饲养方式

有条件的养殖户可以设置专门的青年鸡舍，地面用竹竿等作为栖架进行饲养，无条件的宜采用厚垫料进行饲养，在舍内进行喂料、饮水，并实施保温措施。

二、饲养密度

育成鸡的饲养密度是影响育成鸡质量的重要因素，密度过大，导致鸡群发育差，体重不达标，均匀度差，影响后期生产性能。因而，必须合理控制密度。

三、营养和饲料

4 或 5 周龄至 9 或 13 周龄青年鸡要求饲料粗蛋白质浓度为 18%，饲喂 5～9 kg。作为肉用鸡，13 周以后，日粮粗蛋白质含量为 15%(3～4 kg)。

进入育成期则需要将雏鸡料更换成育成鸡料，育成期饲料营养水平低于雏鸡。由于育成期疾病发生率低，容易饲养。因而，育成期的饲养往往被忽视。育成期饲料营养水平偏低是导致我国育成鸡质量差(表现在体重不达标，均匀度差)的重要原因，应加强对育成期饲料营养水平的重视，适当提高日粮代谢能、赖氨酸水平。

换料时间根据体重而定，体重不足则推迟换料时间。从 7 周龄或 9 周龄开始，根据鸡的体重，将雏鸡饲料逐渐转变成育成鸡料；如果体重没有达到要求，则继续饲喂雏鸡料直到体重达到标准为止。在日粮的转换中应遵循 3∶1、1∶1、1∶3 的配比逐渐转换，各种比例饲料饲喂 2 d，第 7 天转换为完全育成鸡日粮。

四、光照方案

蛋鸡在 8 周龄以后，开始性器官的发育。育成期光照原则：尽量不要让光照时间随周龄增长而增加，防止鸡出现早熟，过早产蛋，导致蛋重偏小，产蛋高峰期短，高峰产量不高。对于密闭式鸡舍育成期光照方案可以参考表 5-7，开放式鸡舍育成期光照计划最好查阅蛋鸡 17 周龄当地的自然光照时间(表 5-8)。如果育成期光照时间逐渐缩短，则按 17 周龄自然光照时间 10 h，从 6 周龄或 9 周龄开始一直按 10 h 控制，18 周龄开始每周增加 1 h，直至 21 周龄光照 14 h；如果育成期光照时间逐渐延长，则按17周龄最长时间，比如17周龄正好是夏至，每天光照时间为15 h，则从6周龄或9周龄开始一直按15 h控制，18周龄加1 h光照，使光照时间达到16 h，以后光照一直维持在16 h。

表5-7 育成期光照方案

周龄	光照时间/h		光照强度	
	大蛋方案	正常方案	/(W/m²)	/lx
9	9	8	1	4～6
10	9	8	1	4～6
11	9	8	1	4～6
12	9	8	1	4～6
13	9	8	1	4～6
14	9	8	1	4～6
15	9	8	1	4～6
16	9	8	1	4～6
17	9	10	1	4～6

表5-8 北京地区太阳出没时刻

时间(月/日)	节气	日出时间	日落时间	日照时长
1/6	小寒	7:37	17:04	9 h 27 min
1/20	大寒	7:32	17:19	9 h 47 min
2/4	立春	7:21	17:36	10 h 15 min
2/19	雨水	7:03	17:54	10 h 51 min
3/6	惊蛰	6:42	18:11	11 h 29 min
3/21	春分	6:18	18:26	12 h 08 min
4/5	清明	5:53	18:42	12 h 49 min
4/20	谷雨	5:30	18:57	13 h 27 min
5/6	立夏	5:10	19:13	14 h 03 min
5/21	小满	4:55	19:28	14 h 33 min
6/6	芒种	4:46	19:40	14 h 54 min
6/22	夏至	4:46	19:43	15 h 01 min
7/7	小暑	4:53	19:46	14 h 53 min
7/23	大暑	5:04	19:37	14 h 33 min

续表 5-8

时间(月/日)	节气	日出时间	日落时间	日照时长
8/8	立秋	5:19	19:22	14 h 03 min
8/23	处暑	5:33	19:01	13 h 28 min
9/8	白露	5:48	19:37	12 h 49 min
9.23	秋分	6:03	18:11	12 h 08 min
10/8	寒露	6:18	17:47	11 h 29 min
10/24	霜降	6:34	17:24	10 h 50 min
11/8	立冬	6:51	17:06	10 h 15 min
11/23	小雪	7:08	16:54	9 h 46 min
12/7	大雪	7:23	16:49	9 h 26 min
12/22	冬至	7:33	16:53	9 h 20 min

五、放养管理

一般 5 周龄后，就可以开始放养训练。建议放养时室外温度在 15℃以上。每天早晨将鸡引出鸡舍，训练其在舍外觅食。

有机鸡放养时需要补饲，补饲量应依据鸡的饲喂指南，还要注意根据鸡的日龄、生长发育和季节而异，如冬季杂草、昆虫少，可适当增加补饲量，春、夏、秋季可适当减少补饲量。补饲量在放养后 5～10 d 饲喂平常的 70%，10 d 后逐渐减少补饲量。补饲量还应与体重结合，应经常抽测鸡群体重，体重超出标准，说明补饲过量；符合标准，说明补饲正常；低于标准，则应增加补饲量。

建议每天早晨放养前按补饲量 1/3 饲喂，傍晚再补饲其余 2/3，或按照自由采食补饲。

鸡在放养情况下，喜欢采食豆科及较为细嫩的牧草以及牧草籽实，尤其喜欢啄食各种昆虫，但对禾本科及纤维含量高的牧草以及蒿草类采食较差。据 Marian 和 Thøgersen(2013)观察，尽管规模化饲养的放养鸡有足够大的活动空间，大多数的放养鸡宁愿待在鸡舍中而不愿出来。即使在鸡舍外放养鸡数量最多时，这个数值也不过占鸡群总数的 15%。Bubier 等(1998)认为放养鸡在鸡舍外活动的低比率有 3 个原因：第一个原因是放牧鸡每天补饲 4～6 次，如果它们远离鸡舍，就不会及时回来占据有利的位置；第二个原因是鸡有群聚的本能，鸡舍附近的区域不可避免地被践踏，土地变得贫瘠不再吸引鸡群，放牧鸡只能去更远处寻找草地；第三个原因是鸡群的活动半径一般在 100～500 m，很少分散到 200 m 以外活动，较少到 1 000 m 远处觅食，一般集中在鸡舍周围和补饲地点附近活动及觅食。放牧鸡喜欢有树木的放牧场，它们躲避强光，在其放养区域内它们选择鸡舍附近或有树木遮盖的区域活动。因此，在建设放养鸡舍时要充分考虑鸡群的采食行为及活动半径，避免鸡舍附近的草场出现过度放牧现象。对于少数觅食距离较远的鸡只，容易受到野兽侵害，需要加强管理。

第三节　产蛋鸡的饲养

产蛋期多以 140 日龄算起，养到 430 日龄左右。产蛋期饲养管理的宗旨是使蛋鸡充分发挥其生产性能。选择质地良好的有机食品原料配制饲料，保证营养需要。

一、引种来源

有机饲养要求应尽量引入有机畜禽。当不能引入有机畜禽时，可引入常规畜禽，但应符合条件：蛋用鸡，不超过 18 周龄。

二、饲养方式

由于有机饲养不清楚一些鸡种的营养需要，或不清楚放养状态的营养需要。可以采取选择饲喂的方式，即将蛋白质、微量元素、维生素的浓缩饲料单独饲喂，钙饲料可以单独饲喂。

三、规模及饲养密度

产蛋鸡舍内饲养密度最大为 25 kg/m^2。舍外放养植被条件好的场所按照 50～60 只/亩（1 亩≈667 m^2）放养，植被条件差的场所按照 20～30 只/亩放养。如果所有的饲料来自放牧的农场，每公顷只能放养 100 只鸡。

四、饲喂

产蛋鸡一般每天补饲 2 次。早晨开灯时加料饲喂 1 次，晚上鸡回舍的时候再补饲 1 次，每次补料量按笼养鸡采食量的 80%～95%补给。

五、光照要求

饲养蛋鸡可用人工照明来延长光照时间，但每天的总光照时间不得超过 16 h。可根据蛋鸡健康情况或所处生长期（如新生禽取暖）等原因，适当增加光照时间。

光照制度是影响蛋鸡开产时间、体重和蛋重的重要因素。16 周龄如果蛋鸡体重达到要求,则可以通过光照刺激卵巢发育。如果体重没有达到要求,建议推迟增加光照时间,让母鸡推迟开产。

光照程序:光照时间从17周龄开始逐渐增加,一般第一周增加1 h,以后每周增加30 min,直至产蛋高峰期达到光照16 h。建议先在早晨加光照,产蛋期不应随意变更光照程序,最好是早晨4:30开灯,晚上8:30关灯,白天可以根据天气状况决定是否采用自然光照而关灯。产蛋期的光照强度应达到10 lx(3 W/m^2),不能过强,否则引起母鸡骚动不安或对光刺激生产抑制,导致卵巢闭锁和大卵黄的自发储存,产蛋停止。检验光照强度是否合适可以在鸡舍各处鸡背高度处放一张报纸,如果以正常看报距离能看清报纸字迹,说明光照强度适宜,如果看不清,说明光照太暗,应增加灯泡的瓦数或灯泡数量。

有机鸡生产需要自然光照,但是自然光照容易导致鸡群自然发生啄癖。鸡舍光照要均匀分布,因而,建议采用屋顶安装窗户的方式来提供自然光照,但屋顶窗户容易导致阳光直射,增加啄癖的发生。可以采取在窗户上刷白漆的方式,避免过强的阳光直射。

六、日常管理

每5~8只鸡要备足1个产蛋箱,具体根据产蛋性能决定。产蛋箱要建在鸡群活动的区域,又要注意是安静、避风雨的地方。产蛋窝内铺上适量柔软的稻草,要防止蛇等动物窜入。实践证明放养鸡在20℃左右产蛋率最高。因此,夏季要防暑降温,搞好清洁卫生,为鸡群提供充足的清洁饮水。

应激是产蛋下降的重要原因,为减少应激,饲养环境要保持安静,饲养员工作时动作要轻,工作服颜色采用白色或蓝灰色。外来人员不要随便进入,要防止鸟兽等骚扰,禁止鸣放鞭炮,以免鸡群受惊吓。要淘汰老鸡,定时收集鸡蛋,防止箱内蛋与蛋之间机械性破损和被其他动物采食或自食。

七、种草养鸡

由于鲜草中含有丰富的叶黄素,可以改善蛋黄颜色,鲜草中还含有蜘蛛等昆虫,昆虫能合成风味物质,有助于改善鸡肉(蛋)风味,建议在杨树林下或空闲地种草养鸡。林下可以采取套播鸭茅草(图5-19)、无芒雀麦草(图5-20)、三叶草(图5-21)、苜蓿(图5-22)等多年生牧草,实现果草禽的饲养模式(图5-23),为蛋鸡提供大量新鲜牧草,减少补料量。

图 5-19 林下种植鸭茅草

图 5-20 林下种植无芒雀麦草

图 5-21 林下种植三叶草

图 5-22 果园套种苜蓿草

图 5-23 果草禽饲养模式

第六章 有机鸡饲料生产和配制

第一节 有机鸡的饲喂原则

有机鸡饲料生产是保证有机食品生产的关键要素，只有按照有机食品生产要求选择有机饲料原料和饲料添加剂，并根据要求进行配制，饲喂有机饲料，才能做好有机鸡的生产。

一、鸡应以有机饲料饲养

有机生产使用的饲料必须是有机的，包括放牧的草地和饲料或草料。因而，草地必须是 3 年内没有使用人工合成的化学物质，包括化肥、农药。如果涉及种草，草种必须是有机的，管理过程中不能使用合成物质。如果使用有机干草，则不能与其他非有机干草堆放在同一个地方。

有机鸡生产要求 70%～80%的饲料必需是经过有机生产认证，饲料中至少应有 50%来自本养殖场饲料种植基地或本地区有合作关系的有机农场。

二、饲料生产要求

在养殖场实行有机管理的前 12 个月内，本养殖场饲料种植基地按照本标准要求生产的饲料可以作为有机饲料饲喂本养殖场的畜禽，但不得作为有机饲料销售。

饲料生产基地、牧场及草场与周围常规生产区域应设置有效的缓冲带或物理屏障，避免受到污染。

1. 使用常规饲料的要求

当有机饲料短缺时，可饲喂常规饲料，但不能超过 15%。出现不可预见的严重自然灾害或人为事故时，可在一定时间内饲喂超过以上比例的常规饲料。

饲喂常规饲料应事先获得认证机构的许可。

2. 限制转基因原料

在生产饲料、配制饲料、添加饲料添加剂时均不应使用转基因（基因工程）生物或其产品。此外，不应使用以下方法和物质。

①鸡肉粉、羽毛粉、鸡蛋粉等用鸡或蛋生产的产品。

②未经加工或经过加工的任何形式的动物粪便。

③经化学溶剂提取的或添加了化学合成物质的饲料，但使用水、乙醇、动植物油、醋、二氧化碳、氮或羧酸提取的除外。

即鸡不能饲喂经正己烷提取的各种粕类(包括豆粕)，采取压榨生产的各种饼类可以作为蛋白质饲料。

3. 添加剂的使用

使用的饲料添加剂应在农业行政主管部门发布的饲料添加剂品种目录中，并批准销售的产品，同时应符合本部分的相关要求。

可使用氧化镁、绿砂等天然矿物质。在以上方法不能满足鸡营养需求时，可使用《有机产品》(GB/T 19630.1—2011)中列出的维生素C、磷酸氢钙、矿物质和微量元素的添加量。

添加的维生素应来自发芽的粮食、鱼肝油、酿酒用酵母或其他天然物质。在以上方法不能满足鸡的营养需求时，可使用人工合成的维生素。但不应使用以下物质。

①化学合成的生长促进剂(包括用于促进生长的抗生素、抗寄生虫药和激素)。

②化学合成的调味剂和香料。

③防腐剂(作为加工助剂时例外)。

④化学合成的着色剂。

⑤非蛋白氮(如尿素)。

⑥纯氨基酸。

⑦抗氧化剂。

⑧黏合剂。

第二节　有机鸡生产的营养需要

有机鸡的营养需要对于满足有机鸡的快速生长和高产是非常重要的。由于有机家禽生产性能低于常规家禽，有机鸡生产营养需要可以低于常规家禽。

由于蛋氨酸常常作为家禽的第一限制性氨基酸，常规生产中通过添加蛋氨酸来满足蛋氨酸需要。2017年12月起，欧盟禁止在有机家禽生产的饲料中使用非有机来源的蛋白质，不仅如此，合成氨基酸也禁止使用。目前，欧盟有机生产面临的主要挑战是如何满足蛋白质需要，特别是家禽蛋氨酸的需要。通常由于原料限制，导致有机鸡日粮配方难以符合营养需要的100%，尽管可以通过提高高蛋白质原料的使用来提高蛋白质水平，满足限制性氨基酸的需要，但容易出现氨基酸不平衡的现象，导致家禽出现以下情况。

①对生产性能容易产生负面影响，影响家禽肠道健康、羽毛发育等。

②高剂量的日粮蛋白质容易导致未消化蛋白质进入后肠，对肠道产生负面影响。

③超过需要量的蛋白质不能利用被排出体外，造成氮的浪费。

④日粮蛋白质不平衡还导致蛋鸡应激和啄羽现象。

⑤影响免疫能力、对疾病的抵抗力和对活疫苗的吸收能力。

因而，解决有机鸡生产中营养的供应是有机家禽生产中的一大难题，也是有机生产的关键。

一、有机鸡生产的能量需要

有机鸡由于可以自由活动，甚至户外奔跑，导致有机鸡活动量远远高于笼养蛋鸡。因而，有机鸡维持能量需要高于笼养蛋鸡，有机鸡生产中能量供应应高于常规笼养生产。由于能量的摄入可以通过采食量调控，有机生产中，鸡采食量高于常规生产，典型的笼养蛋鸡日采食量为 115 g，放养鸡为 130 g。冬季由于室外温度低，而且运动量大，采食量可能要达到 150 g。因而，有机鸡能量水平可以适当高于或等同于笼养蛋鸡。

二、有机鸡生产的蛋白质和氨基酸需要

目前，关于有机生产蛋鸡能量/蛋白质或蛋氨酸的数据比较缺乏。由于有机鸡生长速度、产蛋率和蛋重均低于常规生产家禽。因而，其蛋白质和氨基酸水平可以适当降低，有机鸡的日粮能量和蛋白比率应该高于常规生产家禽。根据有机鸡采食量高于常规生产家禽，即摄入能量可能高于常规生产家禽，即有机鸡能量/蛋白质应该高于常规生产家禽的水平，也给降低日粮蛋氨酸＋胱氨酸水平提供了可能。但是，实际放养鸡或有机鸡生产中，日粮能量/蛋白质以及能量/蛋氨酸的适宜水平数据比较缺乏，容易导致因蛋氨酸缺乏引起的啄癖、羽毛生产不良等问题。

实际生产中，不添加蛋氨酸的日粮能引起产蛋量小幅度下降、蛋重减小，并增加应激及啄癖的发生率。推荐蛋鸡开产后采用粗蛋白质 16％的日粮，直到产蛋率下降至 85％，随后日粮粗蛋白质含量可降为 14％。

有人认为，有机家禽生产中，鸡可以通过野外采食昆虫、蚯蚓等富含蛋白质的天然饲料来节约饲料。由于昆虫具有较高的蛋白质和脂肪含量，粗蛋白质和粗脂肪的含量分别是 45.9％和 48.1％，蠕虫粗蛋白质和粗脂肪的含量分别是 34.1％和 16.1％，且昆虫的营养成分和能量含量可与鱼粉和大豆相比，具有相似的氨基酸，相当于为放养鸡每千克日粮提供 145 g 粗蛋白质。而且，放养鸡野外采食牧草能获得较高的粗纤维、钙、磷、粗灰分等，高于从谷物中获得的。此外，放养鸡还可以从土壤中获得矿物质。因而，有机鸡生产的营养需要也有别于常规生产。有机鸡日

粮营养水平推荐量见表 6-1 和表 6-2。

表 6-1 有机肉鸡日粮营养水平

项目	育雏期	育成期	育肥期
周龄	0～4 周或 5 周	4 周或 5 周至 9 周或 13 周	13 周至上市
代谢能/(kcal/kg)	2 850	2 850	2 850
粗蛋白质/%	20	18	16
赖氨酸/%	1.06	0.88	0.72
蛋氨酸＋胱氨酸/%	0.80	0.64	0.54
钙/%	1.0	0.90	0.80
非植酸磷/%	0.45	0.35	0.30
饲喂量/kg	2	5～9	3～4

表 6-2 有机蛋鸡日粮营养水平

项目	育雏期	育成期	产蛋期
代谢能/(kcal/kg)	2 750	2 600	2 650
粗蛋白质含量/%	17.5	13.0	15.0
赖氨酸/%	0.80	0.53	0.69
蛋氨酸＋胱氨酸/%	0.60	0.43	0.58
钙/%	0.90	0.80	3.25
非植酸磷/%	0.40	0.35	0.35

三、矿物质和维生素需要

我们推荐按照 NRC(1994)标准或 NY/T 33—2004 添加微量矿物元素和维生素，以确保有机鸡骨骼的正常生长，并避免腿病和脚部疾病。传统配方中通常使用更高水平的微量矿物元素和维生素，但在有机生产中不建议这样做。因为有机生产应在满足正常生长和繁殖的基础上尽量降低营养水平。

四、营养与代谢

1. 常规营养物质缺乏与中毒

饲料中如果缺乏营养，则导致营养不良，常规营养物质缺乏与中毒症状缺乏见表6-3。由于有机鸡生产所需要的蛋白质资源容易受限，容易出现蛋白质和氨基酸缺乏。

表 6-3 有机鸡常规营养物质缺乏与中毒症状

营养物质	需要量	中毒量	缺乏症状	中毒症状
代谢能/(kcal/kg)	2 500～3 200	4 000	饲料利用率与生长速度下降，皮下脂肪少	耗料下降，其他营养物质的需要量增加，腹脂与肝脂肪沉积过多
蛋白质与氨基酸/%	15～23	30	生长速度、产蛋量与饲料利用率下降，换羽、羽毛生长不良	痛风症，肾脏受损
赖氨酸/%	0.5～1.2	1.5	生长速度、血红蛋白与血细胞比容下降，羽毛褪色，饲料利用率下降	干扰精氨酸的利用率，肝脏与肾脏损害
蛋氨酸/%	0.25～1.2	1	生长速度、产蛋量与蛋重下降，羽毛生长不良，饲料利用率差	肾炎与肝炎，增加其他氨基酸的需要量

2. 维生素缺乏与中毒

有机鸡维生素缺乏症与中毒症状见表 6-4。

表 6-4 有机鸡维生素缺乏与中毒症状

营养物质	需要量	中毒量	缺乏症状	中毒症状
维生素 A /(IU/kg)	8 000～10 000	25 000	生长速度与产蛋量下降，胚胎死亡率升高，免疫抑制，失明	肝炎，蛋黄与皮肤褪色，干扰维生素 E 的利用
维生素 D_3 /(IU/kg)	1 200～1 600	5 000	后期胚胎死亡，骨骼畸形，佝偻病，肋骨串珠，橡胶喙，骨骼与喙软而易弯曲，腿脚脆软，笼养鸡疲劳症，蛋壳变薄	软组织钙化，干扰维生素 A、维生素 E 与维生素 K 的利用
维生素 E /(mg/kg)	10～20	100	早期胚胎死亡，渗出性素质，肌肉营养不良，白肌，脑软化症，心肌病，肌胃病，免疫抑制	干扰维生素 A 的利用
维生素 K /(mg/kg)	1	25	晚期胚胎死亡，肠道出血，主动脉破裂	营养失衡，增加了其他脂溶性维生素的需要量
硫胺素 /(mg/kg)	2～6	—	出壳时胚胎死亡，多发性神经炎，高度兴奋	营养失衡，增加其他营养素的需要量
核黄素 /(mg/kg)	5～8	—	孵化第 3 天、第 4 天和第 20 天的胚胎死亡率升高，胚胎矮小，结节状绒毛，卷爪，下痢	营养失衡，增加其他营养素的需要量
烟酸 /(mg/kg)	20～40	—	脱腱症，附关节肿大，皮肤损伤，口腔炎，腿内弧，下痢	营养失衡，增加其他营养素的需要量

续表 6-4

营养物质	需要量	中毒量	缺乏症状	中毒症状
泛酸/(mg/kg)	10～20	—	孵化第 14 天胚胎死亡，皮肤损伤，结痂	营养失衡，增加其他营养素的需要量
吡哆醇/(mg/kg)	3～5		早期胚胎死亡，高度兴奋，贫血	营养失衡，增加其他营养素的需要量
生物素/(mg/kg)	0.15～0.2		晚期胚胎死亡，上鄂外突，脚趾蹼化，皮炎，脂肪肝与肾综合征，下痢	营养失衡，增加其他营养素的需要量
叶酸/(mg/kg)	2～4		晚期胚胎死亡，羽毛褪色，痉挛性瘫痪，贫血，脱腱症	营养失衡，增加其他营养素的需要量
维生素 B_{12}/(mg/kg)	10～20		晚期胚胎死亡，贫血，脱腱症，生长速度与饲料利用率下降	营养失衡，增加其他营养素的需要量
胆碱/(mg/kg)	1 000～1 500	—	脱腱症，脂肪肝，生长速度与饲料利用率下降	—
维生素 C/(mg/kg)	0.1		免疫抑制，耐热性降低，对非营养物质的抗毒性减弱	—

3. *矿物质缺乏与中毒*

有机鸡矿物质缺乏症见表 6-5。

表 6-5 有机鸡矿物质缺乏与中毒症状

营养物质	需要量	中毒量	缺乏症状	中毒症状
钙/%	1～3	5	佝偻病，骨骼软，易弯曲，软壳蛋，笼养蛋鸡瘫痪	痛风症，软组织钙化，干扰磷、镁与锰的利用
磷/%	0.3～0.5	1.5	佝偻病，骨骼软，易弯曲，软壳蛋，笼养蛋鸡瘫痪	植酸中毒，降低了钙、镁、锰与锌的利用率
钾/%	0.15～0.3	1	生长受阻，产蛋量下降	钠的利用率降低，血细胞凝集
氯化钠/%	0.3～0.5	0.7	过度兴奋，超应激，痉挛，血细胞凝集，啄癖，生长速度与产蛋量下降，肾上腺肿大	腹水症，痛风症，心包积水，死亡，生长速度与产蛋量下降
镁/(mg/kg)	500～600	6 000	超应激，骨骼钙化差，蛋壳薄	下痢，生长受阻，增加钙、磷需要量，食欲减退，舌肌发育差
锰/(mg/kg)	50～100	4 800	出壳期间胚胎死亡，脱腱症，畸形	生长抑制，食欲减退，贫血

续表 6-5

营养物质	需要量	中毒量	缺乏症状	中毒症状
锌/(mg/kg)	30～60	1 500	出壳期间胚胎死亡，脱腱症，畸形，皮肤损伤，跗关节肿大	生长抑制，食欲减退，贫血，渗出性素质，粗灰分含量低，肌肉营养不良
铜/(mg/kg)	5～10	500	早期胚胎死亡，羽毛褪色，贫血，心脏肥大	黑粪，渗出性素质，肌肉营养不良，鸡胃糜烂
铁/(mg/kg)	50～80	4 500	羽毛褪色，贫血	佝偻病，脱腱症，骨骼畸形
碘/(mg/kg)	1	250	孵化期延长，甲状腺肿大，孵化率与生长速度降低	产蛋量、蛋重与孵化率降低
硒/(mg/kg)	0.05～0.1	5	晚期胚胎死亡，渗出性素质，肌肉营养不良	受精率、孵化率与生长速度下降，贫血，死亡

4. 重金属中毒

由于有机鸡生产接触地面，从土壤中寻找食物或营养物质，容易受到土壤重金属的影响。一些研究表明，放养鸡容易发生重金属污染，甚至引起中毒，见表 6-6。

表 6-6　重金属中毒症状

营养物质	中毒量/(mg/kg)	中毒症状
氟	500	生长受阻，骨骼畸形，有骨斑
钼	100	贫血，生长抑制，孵化率与产蛋量下降，跛行，下痢
铅	60	脑病，神经紊乱，贫血
汞	5	神经紊乱，下痢，超应激
砷	10	痢疾，神经紊乱，皮肤褪色

第三节　有机饲料的原料选择及配制

由于有机鸡生产核心或关键是要求采用有机饲料。有机饲料是由有机生产体系采用有机饲料原料，按照有机饲料相关标准进行加工生产的饲料产品。在产品中不得使用化学合成的药物、促生长剂及其他化学合成添加剂，不准使用由基因工程技术获得的产品，例如转基因大豆粕、棉籽粕等，产品质量经检验符合有机饲料标准的规定，并经认证允许在产品包装上使用有机产品的标志。该类产品的要求高于绿色饲料。只有具备上述条件或达到上述要求的饲料才能称为有机饲料，否则就不是有机饲料。

一、有机饲料原料

(一)有机能量饲料

1. 谷物饲料

(1)玉米　经济能源作物,是全球最重要的粮食和饲料,我国2014年玉米的产量达到2.16亿t,饲用玉米达1.17亿t。可见,饲料消费占玉米总消费的绝大部分。玉米适口性好,能值高,是家禽饲料中最重要的原料,饲喂效果优于其他谷物籽实,并有助于蛋黄和皮肤着色。玉米的蛋白质含量低(7%～9%),且蛋白质的品质差,缺乏赖氨酸和色氨酸。脂肪含量较高(3%～4%),多为不饱和脂肪酸,其中亚油酸含量高达2%,是谷物籽实中最高的。此外,钙、磷含量也较低,只有0.02%,且利用率不高。维生素含量少,维生素D、维生素K和维生素B_2缺乏,维生素B_1较多。我国玉米种植范围广,由于各地所处纬度和地形地貌不同,自然气候条件不同,进而导致光照、气温、降水量不同,从而决定了不同地区玉米的产量和品质差异。谷物生长过程中温度升高会增加籽粒中粗蛋白质的含量,降低粗脂肪的含量。然而,也有研究表明,低温的高纬度下籽粒中粗蛋白质含量增加,但是高温的低纬度地区则总淀粉和粗脂肪的合成增加。因而,即使同一品种,不同种植气候也导致玉米中脂肪、NDF、ADF、粗灰分出现很大变异。

玉米作为畜禽的主要能量饲料,可为家禽提供65%的能量。但是,同种动物对不同品种玉米的代谢能差异很大,家禽代谢能相差162 kcal/kg,而AMEn差值可达400 kcal/kg以上。造成玉米有效能差异大的原因与品种、产地、干燥方式和存储等因素有关。同时,玉米中不同的养分也会影响玉米能量的利用。例如,淀粉含量与结构、淀粉颗粒大小、脂类、蛋白质等;另外,玉米中抗营养因子,如淀粉酶抑制剂和植酸酶复合物的变化均会影响玉米的有效能值。目前,国内外很多学者根据玉米的概略养分分析值推导出玉米有效能预测方程,另外也有企业采用容重建立禽代谢能预测方程。容重是指单位体积内物质的重量,体现了谷物籽粒的饱满状态,国家标准中用来衡量玉米的品质。通常硬粒型玉米容重高,大于700 g/L;粉质型玉米容重低,小于680 g/L。研究认为,玉米的容重与家禽生产性能相关性低,并不适于用来衡量家禽玉米生物学有效性。容重会影响玉米的粉碎粒度,粉质玉米容易粉碎成细颗粒,硬质玉米粉碎颗粒大。玉米粒度大小会显著影响家禽的采食量、体增重、饲料转化效率和校正表观代谢能。有研究表明,大颗粒玉米有利于提高肉鸡的肌胃、腺胃和肠道比重,增加盲肠乳酸菌的数量。

影响玉米有效能的因素包括概略养分分析值、淀粉类型、抗营养因子等。全国各地玉米的养分变异也很大，粗脂肪、粗灰分、酸性洗涤纤维和直链淀粉与支链淀粉比例的变异系数分别为10.35%、12.32%、11.33%和13.51%，这些差异又最终导致玉米代谢能的差异。从地区对比来说，东北和华南地区玉米的粗蛋白质含量分别为9.23%、9.86%，相差0.63%；东北地区、西北地区玉米的粗脂肪含量分别为4.72%和4.05%；东北地区玉米的粗纤维含量最低，为1.7%；西北地区玉米的粗纤维含量为1.98%，含量最高。对全国各地的玉米分析表明，其代谢能变异很大，东北地区玉米的表观代谢能最高，为15.70 MJ/kg；华南地区玉米的表观代谢能最低，为15.52 MJ/kg，二者相差0.18 MJ/kg，表观代谢能和校正表观代谢能变异系数分别为5.97%和5.78%。

淀粉根据其多糖结构分为直链淀粉与支链淀粉。通常普通玉米支链淀粉含量为55%～65%，直链淀粉为15%左右。玉米品种影响淀粉结构，硬质玉米支链淀粉含量高。抗性淀粉(resistant starch，RS)与直链淀粉间关系呈正相关，也与直链淀粉的相对分子质量有关。硬粒型玉米还表现为新收获时抗性淀粉含量高(4.5%)，粉质型玉米抗性淀粉含量低，只有1.0%。糯性玉米淀粉几乎全是支链淀粉，高直链玉米淀粉中直链淀粉含量可达60%。此外，玉米中抗营养因子如非淀粉多糖(主要是戊聚糖、纤维素)、植酸、抗性淀粉等会造成玉米营养价值的变异。过去认为，玉米的总戊聚糖和水溶性戊聚糖与其他谷物相比含量较低，因而其抗营养的负面作用常常被忽视。有报道认为，玉米戊聚糖和水溶性戊聚糖分别为3.12%～4.3%、0.05%～0.14%。也有研究认为，玉米总戊聚糖含量为5.35%，纤维素为3.12%，果胶为1.00%。近年来发现，玉米不溶性NSP含量达到10.7%甚至超过小麦的含量(9.8%)。玉米中NDF含量为5.87%～9.44%，ADF含量为1.41%～2.54%。也有研究认为，玉米中NDF、ADF含量范围为9.56%～17.36%、1.86%～2.95%，变异系数分别为8.35%、10.04%，是变化大的指标。玉米中有2.5～3.5 g/kg的总磷，植酸磷有1.6～2.6 g/kg。玉米中抗性淀粉含量为(6.42±0.06)%，也有认为新玉米中抗性淀粉为4.5%，两周后抗性淀粉降低到1.0%左右。近年来，玉米中也发现有淀粉酶抑制剂，抗胰蛋白酶等抗营养因子，而且不同品种胰蛋白酶抑制因子变异较大，平均含量为(1.27±0.33)mg/g(DM基础)，变化范围为0.56～1.87 mg/g(DM基础)。

除玉米外，小麦、燕麦、大麦和高粱也是主要的谷物，可以用作有机鸡的饲料原料。

(2)小麦　在谷物饲料中蛋白质含量最高(10%～16%)，但是赖氨酸含量不足。粗脂肪含量低，亚油酸仅0.8%。钙少磷多，多以植酸磷的形式存在。小麦中非淀粉多糖(木聚糖)含量较多，不易被消化酶消化，使用时需添加非淀粉多糖酶。用小麦作为饲料不适宜细粉碎，容易粘嘴，引起口腔溃疡，并容易产生消化道疾病。

(3)燕麦　蛋白质含量约11.4%，氨基酸组成不平衡，限制性氨基酸为赖氨酸、蛋氨酸和苏氨酸。脂肪含量平均达5%，在谷类中算最高的。但粗纤维含量10%以上，可以帮助提高日粮粗纤维含量。但燕麦含有β-葡聚糖，使用时可添加相应酶从而避免不良反应。燕麦在蛋鸡日粮中可用到40%，小鸡用到10%～15%，过多可能引起消化障碍。

(4)大麦　蛋白含量约为12%，赖氨酸、色氨酸和异亮氨酸含量高于玉米，赖氨酸含量高达0.6%。钙、磷也比玉米稍多，但胡萝卜素不足。种皮较厚，有时可能还含有一层颖壳，含较高的非淀粉多糖(10%)，以β-葡聚糖和阿拉伯木聚糖为主，容易引起消化不良。因此，日粮中不宜大量用大麦，用量一般为20%，最好在10%以下，雏鸡不宜超过30%。大麦更适合于蛋鸡，但使用时应考虑亚油酸的含量，否则会降低蛋重。

(5)高粱　蛋白含量一般高于玉米，为11%～13%，限制性氨基酸是赖氨酸，色氨酸和苏氨酸也缺乏。高粱含粗灰分2%左右，含脂肪约3.8%，钙含量少，缺乏维生素D，营养成分根据生长条件不同变化很大。禽日粮中可用高粱代替50%～60%的其他谷类，我国很多地区近年来用高粱完全替代玉米饲喂黄羽肉鸡，取得很好的效果。但是，在使用高粱时要注意其单宁含量。白高粱、黄高粱含0.2%～0.4%的单宁，棕色高粱含0.6%～3.6%的单宁，对适口性有影响。有研究认为，肉鸡日粮中添加1.5%的单宁可导致肉鸡生长速度下降，还会提高内源氨基酸的排泄量，主要涉及蛋氨酸、组氨酸和赖氨酸的排泄，苏氨酸、胱氨酸和缬氨酸也有少量影响。肉鸡大量使用高粱会降低肉色。

值得注意的是，谷类中富含油酸和亚油酸，磨碎后不稳定，会很快酸败，从而导致饲料的适口性下降。小麦胚芽油是维生素E的天然来源，但缺乏稳定性，如果加工后尽快使用，就可以阻止其出现酸败和异味。对于主要的维生素B，谷类中富含硫胺素，而核黄素含量较低。与大麦和小麦相比，玉米、燕麦和黑麦中烟酸的含量较低，而且只有约1/3可以利用。玉米中泛酸含量也很低，所有谷类都缺乏维生素B_{12}。所有谷类钙含量都较低，都含有较高的磷，但多是与植酸相结合的，家禽大部分不能利用。谷类一般可提供足够的镁，但钠含量不足，钾也可能不足。

2. 块根及其产品、副产品

块根类饲料主要包括马铃薯、木薯块根、马铃薯淀粉、马铃薯蛋白粉和木薯粉等。

木薯粉是获批的有机禽日粮原料，是良好的能量来源，缺点是蛋白含量很低。此外，还含有抗营养因子氢氰酸。日粮中有足够的含硫化合物如蛋氨酸和胱氨酸可以帮助解毒。由于木薯不含胡萝卜素，喂鸡导致鸡皮肤或蛋黄着色差，颜色发白。如果能有鲜绿饲料则可以避免这一缺陷。

家禽对马铃薯的消化率低，应煮熟后再喂给家禽，否则家禽对它的利用率较低，而且粪便会变得非常潮湿。马铃薯浓缩蛋白是一种高品质的蛋白源，适用于所有家禽日粮，但是成本高，用于配制家禽日粮不合算。

3. 其他植物及其副产品

糖蜜在有机日粮中用作颗粒饲料的黏合剂，用量2.5%～5%。用糖蜜制出的颗粒饲料在运输和通过饲养设备时不易变碎，还可以增加日粮的适口性，减少日粮混合时的粉尘，还有通便的作用。

4. 油脂

油脂通常用来为日粮补充能量，还可以增加日粮适口性和减少饲料配制时的粉尘。有机日粮中禁止添加动物脂肪，但允许使用植物油，而且只能是压榨植物油不能是靠化学浸提获得的植物油。添加比例较高的油脂时，日粮在肠内停留时间延长，这样非脂成分消化更彻底、吸收更充分。

通常日粮中只能添加少量油脂，否则日粮就会变得很软，不容易制粒，而且容易酸败。含油脂日粮在储存时添加符合有机标准的抗氧化剂可以使油脂较为稳定。

(二)有机蛋白质饲料

1. 植物籽实

采取有机种植的油料作物，虽然籽实含有抗营养因子，不能直接大量饲喂，经过膨化处理，可以有助于改善籽实蛋白和脂肪的品质，降低籽实中抗营养因子的负面影响。

(1)膨化大豆　大豆的蛋白质含量高，一般为37.1%，赖氨酸含量高达2.2%以上，但蛋氨酸含量相对较少。脂肪含量高于17%，脂肪酸中亚油酸和亚麻油酸含量高，属于营养价值高的高能高蛋白质饲料。大豆含抗营养因子(蛋白酶抑制剂、凝集素和单宁)，影响其利用。膨化大豆是将整颗大豆进行热加工膨化处理而成的，具有高能高蛋白的特性。膨化大豆是适口性好、能量高、易消化吸收、安全性高的优质饲料。

(2)膨化菜籽　与普通菜籽相比，膨化菜籽的营养品质得以改善。膨化菜籽的氨基酸含量高于玉米，低于菜籽粕和豆粕，氨基酸组成较平衡，含硫氨基酸含量丰富，精氨酸含量低，与赖氨酸之间较平衡，赖氨酸含量低。膨化菜籽脂肪含量高，为40.5%左右。粗纤维、粗灰分低于菜籽粕和豆粕，有利于动物消化吸收。菜籽经膨化处理后毒性降低，但仍含有植酸、单宁、硫代葡萄糖苷和芥子碱等抗营养因子。利用膨化菜籽可有效解决家禽在特殊生理阶段对优质高能量饲料的需要。

2. 油料籽实及其产品、副产品

采取有机种植的油料作物，经过压榨后的植物性蛋白饲料是很好的有机饲料来源。包括普通油菜籽、全脂双低油菜籽、棉籽、亚麻籽、芥菜籽、花生、芝麻、大豆及其产品、全脂大豆、大豆分离蛋白。

油籽饼是主要的蛋白源。油籽饼需要适当加热以灭活其中的抗营养因子。但要避免加热过度，因为那样会破坏其蛋白质，最终使可消化或可利用的赖氨酸数量降低，其他氨基酸影响较小。所以，从油籽压榨出油而获得的油籽饼都可获准用于有机日粮。油籽饼总体上钙含量低，磷含量高，但很大比例是以植酸磷的形式存在。

(1)菜籽饼　是菜籽加工油后的副产品，本身无毒，但含硫葡萄糖苷，硫葡萄糖甙本身无毒，水解后产生毒性，容易损害蛋鸡肝脏，导致产蛋性能下降；菜籽饼硫葡萄糖苷含量为 11 μmol/g。加拿大 11 个品种菜籽饼硫葡萄糖苷含量为3.9 μmol/g(90%干物质)，法国 9 个品种菜籽饼硫葡萄糖苷含量为 10 μmol/g，波兰菜籽饼硫葡萄糖苷含量为 4.3 μmol/g。研究认为，硫葡萄糖苷含量为 4 μmol/g 或 8 μmol/g 可导致肉鸡生产性能下降。此外，由于菜籽饼的纤维含量高，还含有消化率低的非淀粉类多糖——多缩戊糖聚合体。高纤维含量和低能量严重限制了它们在高浓度肉鸡饲料中的应用。肉鸡日粮中添加高比例菜籽饼降低采食量、生长速度，提高死亡率，还会使胴体带腥味。菜籽饼中硫的含量也较高(约为 1.1%，而豆饼仅为 0.4%)，会引发鸡的腿病。所以使用双低菜籽饼时，应注意饲料和饮水中硫的含量不得超过 0.4%。无论是无机硫还是有机硫(胱氨酸)都会干扰钙的吸收，豆饼中 75%的硫以有机形式存在，而菜籽饼中有机硫占 60%，日粮中添加过多的菜籽饼容易导致肉鸡腿异常。提高菜籽饼添加量的同时增加钙水平有助于降低腿病。当然，也要注意过高钙降低采食量。

菜籽饼的质量受油菜品种和制油工艺的影响。现有品种芥酸含量低于 2%，菜籽粕中脂肪族硫代葡萄糖酸盐低于 30 μmol/g。双低菜籽饼的氨基酸组成较为平衡，但缺乏赖氨酸。双低菜籽饼在蛋鸡日粮中推荐用量极限为 10%，也有 20%。最佳加工温度为 100～105℃，时间为 15～20 min，这一加工过程破坏了硫葡糖苷酶的活性(该酶可催化芥子苷生成致甲状腺肿和适口性差的化合物异硫氰酸醋)。制油温度过高，会降低菜籽饼中必需氨基酸的消化率。

褐壳蛋鸡饲料中菜籽饼含量若高于 5%，蛋黄就会有鱼腥味或异味。这是因为菜籽饼中的芥子碱促使三甲胺在蛋黄中沉积，而给白壳蛋鸡饲喂的话不会出现问题。因为菜籽饼中含有高含量的胆碱和芥子碱，在鸡的肠道内会转变为三甲胺，这种化合物有鱼腥味。白壳蛋鸡能把三甲胺降解成无味的氧化物，但是，褐壳蛋鸡不能降解三甲胺，这样三甲胺就沉积到鸡蛋中。菜籽饼电解质钾含量低于豆饼，容易导致电解质不平衡。菜籽饼在蛋鸡饲料中含量高于 10%，会引起蛋鸡出血性脂肪肝，造成死亡率增加。

(2)棉籽饼　是以棉籽为原料经脱壳、去绒或部分脱壳再榨油后的副产品。棉花的种类大致可以分为有腺体棉和无腺体棉两大类。前者棉籽中含有棕红色腺体，其中含有棉酚，后者几乎不含棉酚，我国主要种植的为有腺体棉。棉籽饼的营养价值随棉花的品种、种植环境以及榨油的工艺不同而不同。棉籽饼是棉籽加工的主要产物，含饼50%、壳22%、油16%。与豆饼相比，棉籽饼的蛋白质含量较低，约为41%，棉籽饼中氨基酸组成极不平衡，赖氨酸、蛋氨酸、苏氨酸和色氨酸的含量较低，且消化率低。禽饲料中使用棉籽饼时，*L*-赖氨酸和*DL*-蛋氨酸的补充量要高于正常添加量。棉籽饼中粗纤维高达11%～13%，粗纤维含量主要取决于制油过程中棉籽的脱壳程度。棉籽饼中含有游离棉酚、环丙烯脂肪酸、单宁和植酸等抗营养因子。游离棉酚会损坏单胃动物的心肌和肝脏，并改变肝脏的代谢，还可能加剧黄曲霉毒素的破坏作用，引起心肌水肿、呼吸困难、体质下降和厌食等。此外，还阻碍不饱和酶的作用，使血液中饱和脂肪酸含量增加，使体脂和蛋黄硬化，卵黄的通透性提高，促使卵黄中铁离子向卵白移动，导致卵白呈桃红色。蛋鸡饲料配方中游离棉酚的允许量为50 mg/kg(如果Fe和游离棉酚按4∶1的比例加入，则允许量为150 mg/kg)，日粮中的棉酚和蛋中的铁离子能发生化学反应，使禽蛋储存后蛋黄呈现橄榄绿色。亚铁离子能与棉酚1∶1结合，使棉酚失去活性。因而，在添加铁剂的日粮中可以使用较高水平的棉籽饼。铁盐(比如硫酸亚铁)可以有效地阻断日粮中游离棉酚的毒性作用，铁离子与棉酚形成了强化合物从而阻止机体对棉酚的吸收。棉酚也能与非金属添加剂(膨润土、沸石)在胃肠道结合，如与铁结合，则容易导致缺铁性贫血和维生素A缺乏症。肉用仔鸡日粮中的游离棉酚允许量150 mg/kg(如果Fe和游离棉酚按1∶1的比例加入，则允许量为400 mg/kg)。环丙烯脂肪酸会抑制精子的发生和活动以及造成母鸡卵巢和输卵管萎缩。通过加工和脱毒处理能除去其中的毒性物质。

(3)葵花籽饼　是向日葵籽经机械压榨提油后的副产品。其营养成分和饲用价值受籽实和提油方法的影响。去壳葵花籽饼的粗蛋白质含量超过40%，粗纤维含量在13%以下，部分去壳的葵花籽饼含30%～35%粗蛋白质，赖氨酸含量不足，蛋氨酸含量比豆粕高。在使用葵花籽饼作为家禽饲料时要注意补充赖氨酸。未去壳的葵花籽饼粗纤维含量高于20%，限制了其在家禽中的应用。葵花籽饼中绿原酸含量较高，绿原酸是单宁类化合物，能抑制胰蛋白酶、糜蛋白酶、淀粉酶和脂肪酶等消化酶的活性。葵花籽饼残油含量越高，能量也越高。葵花籽饼的质量还取决于制油前是否去壳。

(4)芝麻饼　是芝麻经榨油后的副产品，粗蛋白质含量较高，达40%以上，与豆粕接近；其中蛋氨酸含量是所有植物性饲料中最高的，达0.8%以上，是补充蛋氨酸很好的来源。芝麻饼的营养组成与豆粕相近，并且与豆粕具有明显的氨基酸互补，二者添加比例适当可以很好地发挥营养价值，是非常好的有机饲料原料。

(5)花生饼　是花生经榨油后的副产品,含蛋白质是饼类饲料中最高的,一般45%以上,赖氨酸和蛋氨酸含量低。精氨酸含量很高,约为5.2%,与赖氨酸具有拮抗关系,从而加剧了赖氨酸含量的不足,所以应该与赖氨酸含量高的饲料搭配使用。花生饼一般含有4%～6%的粗脂肪,高者可达11%～12%。其中残留的脂肪可做能源,但容易被氧化,不利于保存。花生饼极易被黄曲霉菌污染,产生毒性很强的黄曲霉毒素。黄曲霉毒素耐高温,在饲料加工过程中很难被破坏。家禽黄曲霉毒素中毒早期,肝脏损害体现在肝脏萎缩而不是增大。家禽采食含黄曲霉毒素的饲料后会导致采食量和体增重下降,免疫力降低,生产性能下降。

(6)亚麻籽或亚麻籽饼　亚麻籽又称胡麻籽,富含蛋白质,主要由白蛋白和球蛋白组成,是优质的植物蛋白,氨基酸组成与大豆相似,缺乏赖氨酸和蛋氨酸,富含色氨酸。亚麻籽含有丰富的多不饱和脂肪酸,含有34%的油脂,压榨法提油后亚麻籽饼含有5%左右的粗脂肪。亚麻籽和亚麻籽饼中含有生氰糖苷(主要为亚麻苦苷)和生氰糖苷酶,加工过程中温度不够时亚麻籽饼中氢氰酸含量就容易较高,可能会导致家禽中毒。

近年来,很多企业采用添加亚麻籽的方法生产ω-3 PUFA鸡蛋,以进口加拿大、法国等国亚麻籽为主。周源等(2017)对比发现,法国进口亚麻籽比新疆产亚麻籽亚麻酸含量高(表6-7);日粮中添加国产亚麻籽显著降低蛋鸡采食量,但饲料转化率提高(表6-8);日粮中添加两种亚麻籽均能改善鸡蛋的蛋壳强度、蛋白高度和哈氏单位(表6-9);但法国进口亚麻籽对于鸡蛋中ω-3 PUFA富集与国产亚麻籽并没有显著差异(表6-10)。

表6-7　亚麻籽脂肪酸组成　　%

组别	棕榈酸	棕榈油酸	硬脂酸	油酸	亚油酸	亚麻酸
国产亚麻籽	6.004	0.180	4.689	25.020	15.155	48.595
进口亚麻籽	6.163	—	3.934	18.176	15.052	56.676

表6-8　添加亚麻籽对蛋鸡生产性能的影响

组别	产蛋率/%	采食量/g	蛋重/g	料蛋比	破蛋率/%
对照组	87.41±0.26	96.02±9.45[a]	54.27±3.40	1.75±0.18[ab]	0.36±0.08
1.5%国产亚麻籽组	85.81±0.26	90.32±9.37[b]	53.82±2.29	1.68±0.15[b]	0.28±0.07
1.5%进口亚麻籽组	87.33±0.24	96.73±8.46[a]	54.33±1.93	1.78±0.16[a]	0.43±0.11

注:①同列数据中,肩标不同小写字母表示差异显著($P<0.05$)。

②引自周源等,2017。

表 6-9 添加亚麻籽对鸡蛋品质的影响

组别	蛋壳强度/(kg/cm²)	蛋壳厚度/mm	蛋白高度/mm	蛋黄颜色	哈氏单位(HU)
对照组	3.77±0.56[b]	0.48±0.02	3.92±0.46	11.2±0.84	59.04±2.00[b]
1.5%国产亚麻籽组	4.86±0.55[a]	0.49±0.03	4.52±0.70	10.6±0.89	66.42±5.46[a]
1.5%进口亚麻籽组	4.41±0.48[a]	0.47±0.05	4.52±0.73	10.6±1.10	65.72±4.80[a]

注：①同列数据中，肩标不同小写字母表示差异显著($P<0.05$)。
②引自周源等，2017。

表 6-10 添加亚麻籽对鸡蛋中脂肪酸组成的影响 mg/100 g

组别	单不饱和脂肪酸	多不饱和脂肪酸	ω-3PUFA	二十二碳六烯酸
对照组	387.35	216.53	37.21	24.09
1.5%国产亚麻籽组	380.25	316.45	68.32	57.07
1.5%进口亚麻籽组	365.27	279.64	70.50	58.97

注：引自周源等，2017。

(7)棕榈和椰子 都是天然植物，其副产物是很好的有机饲料来源。有研究认为，产蛋高峰期蛋鸡日粮中棕榈饼的适宜添加量为6%～10%，配方中含有10%棕榈饼或椰子饼时需要添加甘露聚糖酶，改善棕榈饼或椰子饼中甘露聚糖的利用效果。

3. 动物性蛋白饲料

动物性蛋白饲料含有较高的蛋氨酸，是需要考虑的原料之一。动物性蛋白饲料包括奶粉、鱼粉等。

(1)鱼粉 蛋白质含量高，进口鱼粉蛋白含量在60%以上，国产鱼粉蛋白质含量为50%左右。鱼粉氨基酸组成平衡，赖氨酸、蛋氨酸含量高，精氨酸含量低。脂肪含量为5%～8%，水分含量为10%左右。钙、磷含量高且比例适宜，碘硒铁含量高，维生素 B_{12}、维生素A、维生素E、维生素D含量丰富。鱼粉均来自天然渔场，是很好的有机蛋白质饲料。为防止氧化和变质，抗氧化剂常添加到鱼粉中。尽管不是严格意义上的有机产品，鱼粉仍被批准可以在家禽有机日粮中使用。鱼粉被认为是青年鸡日粮中蛋白质的最佳来源之一，比其他蛋白质饲用价值高，可促进动物增重，提高饲料利用率，提高产蛋量和蛋壳品质。有研究认为，鱼粉作为家禽饲料不如肉粉的饲料适口性好，添加5%～10%为宜，红鱼粉不宜超过10%。肉鸡用4%，蛋鸡2%较好，以防禽产品产生腥味。

(2)奶粉 是牛乳经加工干燥后提炼而成的，主要成分是乳蛋白和乳糖，还含有丰富的B族维生素和矿物质。适口性好，消化利用率高。在雏鸡饲料中添加1.5%的奶粉能控制雏鸡白痢、球虫病和胃肠炎等，且雏鸡发育整齐，增重快，弱雏率减少。添加2%的奶粉可提高蛋鸡的产蛋率，延长产蛋高峰期，提高肉鸡生产速度。由于奶粉价格较高，不太适用于家禽饲料。

4. 单细胞蛋白饲料

单细胞蛋白饲料包括酵母、真菌、藻类和非病原性细菌等，不仅含有丰富的营养物质，还含有许多生物活性物质。含有动物所需的各种氨基酸，其中赖氨酸含量能高达7%左右。单细胞蛋白的蛋白质含量一般在35%～60%，其消化率高达85%～90%，生物学价值高于植物蛋白质。但是，在使用单细胞蛋白时，需要做安全性评价以及营养价值评定。重金属、有害微生物和氢氰酸污染是单细胞蛋白的安全隐患，并且其核酸含量直接影响肝脏中嘌呤的代谢率。所以使用单细胞蛋白作为饲料原料要减少潜在危险，严格控制添加量。

(1)酵母　是单细胞蛋白饲料中利用最多的，按培养基不同常分为石油酵母、工业废液(渣)酵母。石油酵母粗蛋白质含量约为60%，水分5%～8%，粗脂肪8%～10%，鸡代谢能9.29 MJ/kg，赖氨酸含量接近优质鱼粉，蛋氨酸含量低。工业废液(渣)酵母包括啤酒酵母、酒精废液酵母、味精废液酵母、纸浆废液酵母，因原料及工艺不同营养组成有很大变化，一般风干制品中含45%～60%粗蛋白质，必需氨基酸与鱼粉相近，赖氨酸为5%～7%，蛋氨酸＋胱氨酸为2%～3%。

(2)藻类　目前饲用的藻类主要有绿藻和蓝藻两类。绿藻稍带苦味，营养成分较全面，含有未知生长因子和丰富的类胡萝卜素，细胞壁厚，消化率很低，家禽饲料中添加不应该超过10%。蓝藻的粗蛋白质含量为65%～70%，粗脂肪和粗纤维比绿藻低，无氮浸出物含量比绿藻高，赖氨酸和蛋氨酸含量低，精氨酸和色氨酸含量高，氨基酸组成不太平衡，脂肪酸以软脂酸、亚油酸和亚麻油酸居多，维生素C含量丰富。

(三)青粗饲料

青粗饲料包括卷心菜、草粉、苜蓿。卷心菜对家禽的饲用价值较低。

1. 草粉

与户外接触的家禽可能会接触到牧草。草粉一方面可以作为粗饲料来源，另一方面可以作为类胡萝卜素和营养物质的天然来源。有机草粉一般是混合物，包括三叶草、红豆草等以及真正的牧草，因此产品营养品质不太稳定。收割自生长阶段的草粉是粗蛋白质、胡萝卜素、叶黄素、核黄素和矿物质的良好来源。

2. 苜蓿粉

苜蓿粉粗蛋白质含量高(12.3%～26.1%)，一般在18.5%左右，氨基酸组成平衡，赖氨酸含量高达1.06%～1.38%。苜蓿粉的粗纤维含量为17.2%～40.6%，可消化成分比例较大。富含Ca、Mg、K，且利用率较高。苜蓿富含叶酸、维生素E、维生素K、维生素B_2、胡萝卜素等，是唯一含有维生素B_{12}的植物性饲料，可为蛋黄、鸡腿、皮肤的着色源。蛋鸡日粮中苜蓿粉的推荐添加量为5%以内。

(四)有机矿物质饲料

1. 骨粉

骨粉是用动物的骨骼制作而成的，呈黄褐色或灰褐色，主要作为磷源饲料。骨粉包括蒸骨粉、煮骨粉。蒸骨粉是用蒸气压脱去大部分蛋白、脂肪而成，钙、磷含量最高，其中含钙30%以上，含磷15%以上。

2. 鱼排

鱼排通常是指带有整条脊椎骨的鱼骨，有时还会带有少许鱼肉。鱼排是鱼类加工产生的下脚料，也是饲料等行业的原料，也有将其加工供人食用的。鱼排骨成分含量较高，一般含钙12%～16%，含磷5%～8%，含蛋白质10%左右。鱼排不能代替鱼粉作为蛋白质饲料，而是作为矿物质饲料。

3. 贝壳粉

贝壳粉包括蚌壳粉、牡蛎壳粉、蛤蜊壳粉和螺蛳壳粉等，呈灰白色、灰色或灰褐色，粉状或片状。主要成分为碳酸钙，含钙24%～38%。添加到家禽饲料中以粒度6目的粗粉为好。

4. 石粉

石粉即石灰石粉，用于补钙。天然石粉一般要求含钙36%以上，镁含量低于0.5%。含钙高的石粉，杂质含量低，更有利于补钙；含钙低的石粉，容易含有大量杂质，影响蛋壳质量。

(五)维生素

家禽日粮中允许使用合成维生素。一般添加到饲料中时关注的是其稳定性。脂溶性维生素不稳定，必须远离热、氧、金属离子和紫外线。为了保护这些维生素不被降解，在饲料中常使用抗氧化剂。由于有机饲料禁止使用化学合成抗氧化剂。因而，有机鸡生产中所使用的维生素应该采用订制方式，添加天然物抗氧化剂代替合成抗氧化剂。

二、有机饲料的生产

(一)有机饲料原料质量的要求

环境可持续性是有机畜牧业的重要目标，所以有机生产者希望环境能提供大部分甚至是全部所需要的东西，包括饲料。然而，对于小型农场而言是不可能的。即使是能够生产一些原料的大型农场，也可能没有混合设备而不能配制合适的日粮。

对于不生产饲料原料的农场，需要购买全价饲料。生产者不需要再混合各种饲料原料。但应当采取相关的质量控制措施。应从声誉好的饲料厂家购买饲料，最好是根据需求进行订单式生产。饲料应该定期购买，不能在农场长期储存甚至超出有效期。饲料的标签信息齐全，包括批次、产品净重、产品名称以及商品名、营养成分（粗蛋白质、赖氨酸、粗脂肪、粗纤维、钙、磷、钠、硒和锌）、饲料生产商和经销商的名字和主要通讯地址、使用说明、安全预防须知及有效使用说明。

对于谷物供给充足但缺乏蛋白质原料的农场，可以购买能够提供谷物中缺乏的所有养分的补充料（浓缩料），购买时应附有混合说明。

对于有自配料条件的农场，除了自产一种合适的谷物饲料外，还自产一种或多种蛋白质饲料。这样的话只需购买一种预混料即可。

生产高质量的饲料首先要使用高质量的原料。对谷物要求不结块、不发霉、没有生虫、不含石块等，而且破损的谷粒要少，因为破损的谷粒比完整的谷粒更易滋生霉菌。谷物的安全储存水分要求不超过 12%～14%。谷物储存最主要的问题是防鼠害和防霉菌。老鼠偷吃谷物时，其粪便会污染谷物，这样会降低谷物和饲料的适口性，减少采食量，而且可能会引起沙门氏菌污染。如果谷物储存时含水量较高，则容易滋生霉菌。

如果可能的话，应该分开使用维生素和微量矿物元素预混料。维生素和矿物质在热和潮湿的环境下长期接触会损失功效，有可能导致维生素失效和降低生产性能。在温度比较高的地区应有凉爽的储存设施。当维生素和矿物质混合在一起时，应在购买后 30 d 内使用完。维生素和微量矿物元素预混料应避光并在干燥的密闭容器内储存。稳定剂有助于保持预混料的质量，但要符合有机标准。

（二）有机饲料原料的种植

有机饲料原料在种植时禁止使用经禁用物质和方法处理的种子和种苗。即不能使用含有化学药品的种衣剂处理的种子和种苗。

应通过回收、再生和补充土壤有机质和养分来补充因作物收获而从土壤带走的有机质和土壤养分。保证施用足够数量的有机肥以维持和提高土壤的肥力、营养平衡和土壤生物活性。有机肥应主要源于本农场或有机农场（畜场）；遇特殊情况（如采用集约耕作方式）或处于有机转换期或证实有特殊的养分需求时，经认证机构许可可以购入一部分农场外的肥料。外购的商品有机肥应通过有机认证或经认证机构许可。

限制使用人粪尿，必须使用时，应当按照相关要求进行充分腐熟和无害化处理，并不得与作物食用部分接触。禁止在叶菜类、块茎类和块根类作物上施用。天然矿物肥料和生物肥料不得作为系统中营养循环的替代物，矿物肥料只能作为长效肥料并保持其天然组分，禁止采用化学处理提高其溶解性。有机肥堆制过程中允许添加来自自然界的微生物，但禁止使用转基因生物及其产品。

在怀疑肥料存在污染时，应在施用前对其重金属含量或其他污染因子进行检测。应严格控制矿物肥料的使用，以防止土壤重金属累积。检测合格的肥料，应限制使用量，以防土壤有害物质累积。禁止使用化学合成肥料和城市污水、污泥。

第四节 有机鸡日粮的配制和加工

下面列举几种国外的有机饲料配方，供国内饲料配制参考。

一、肉鸡饲料配方

Lampkin(1997)提供的一个英国典型肉鸡饲养方案中(表 6-11)，日粮降低了能量、蛋白质和氨基酸的含量，但也导致肉禽生长速度降低。

表 6-11 英国自由放养肉鸡日粮组成及营养水平

项目	育雏料		生长料		育肥料	
	英国认证有机食品标签	欧盟不添加氨基酸标签	英国认证有机食品标签	欧盟不添加氨基酸标签	英国认证有机食品标签	欧盟不添加氨基酸标签
饲料组成/(kg/t)						
谷粒	450	312	250	143	550	614
麦麸	100	100	300	300	—	—
玉米蛋白粉	—	—	—	—	—	85.0
啤酒糟	24.0	—	—	—	5.0	—
豌豆	100	100	100	37.0	100	—
大豆	107	238	137	270	153	175
油籽	—	108	7.0	98.0	14.0	91.0
紫花苜蓿	50.0	50.0	50.0	50.0	50.0	50.0
鱼粉	64.0	—	16.0	—	—	—
植物油	32.0	—	50.0	28.0	29.0	3.0
酵母	35.0	33.0	33.0	19.0	37.0	50.0
钙/磷源	13.0	25.0	23.0	23.0	29.0	29.0
盐	22.0	31.0	30.0	30.0	27.0	27.0
矿物质/维生素	3.0	3.0	2.0	2.0	3.0	4.0
赖氨酸/蛋氨酸	1.0	—	2.0	—	1.0	—
营养成分/%						
粗蛋白质	20.7	23.8	18.9	22.0	17.1	20.5

续表 6-11

项目	育雏料		生长料		育肥料	
	英国认证有机食品标签	欧盟不添加氨基酸标签	英国认证有机食品标签	欧盟不添加氨基酸标签	英国认证有机食品标签	欧盟不添加氨基酸标签
代谢能/(MJ/kg)	12.0	12.0	12.0	12.0	12.0	12.0
赖氨酸	1.30	1.40	1.10	1.40	1.10	1.00
蛋氨酸	0.50	0.40	0.50	0.40	0.40	0.34
亚油酸	2.90	1.90	4.10	3.70	2.90	1.00
钙	1.00	1.00	1.00	1.00	1.00	1.00
非植酸磷	0.50	0.50	0.50	0.50	0.50	0.50

Bennett(2006)为小型肉鸡场设计了添加及不添加纯氨基酸的有机日粮配方，如表 6-12 所示。这一配方中的蛋白质含量比传统水平低。不添加蛋氨酸的日粮，其氨基酸的组成是不平衡的，导致生长变慢，羽化不完全，并一直持续到 6～8 周龄。该方案前 4 周使用育雏料，随后 2 周使用育雏料和育肥料按 50∶50 的比例混合的饲料，7 周龄直到上市期间饲喂育肥料。

有机饲料可以选择全脂大豆、草粉、玉米麸，典型的蛋鸡饲料配方是 50%当地生长的谷物、10%玉米麸、25%大豆、5%干草、8%石粉、2%其他维生素和矿物质。Van Krimpen 等(2016)认为到 2017 年 12 月之前，有机饲料允许使用 5%的传统饲料，如土豆蛋白粉和玉米蛋白粉。很多情况下，有机原料采用未去油的整粒籽实，蛋白质含量低于常规原料，为配制高蛋白日粮带来困难。

表 6-12　加拿大有机禽日粮配方

%

饲料组成	育雏料	育肥料	育肥料	单一饲料，未添加氨基酸
小麦	56.1	76.0	66.7	76.8
豌豆	25.0	10.0	29.3	—
熟化大豆	14.6	10.0	—	—
豆饼	—	—	—	19.2
石粉	14.1	14.4	14.5	10.8
磷酸二钙	1.86	1.59	1.60	1.71
盐	0.30	0.29	0.31	0.20
L-赖氨酸盐酸盐	0.05	0.09	0.04	—
DL-蛋氨酸	0.19	0.05	0.10	—
维生素/矿物质	0.5	0.5	0.50	1.0
酶混合物	0.05	0.05	0.05	—

二、蛋鸡饲料配方

Lampkin(1997)描述了一个英国的典型饲养方案，育雏料喂至 8～10 周龄，随后喂育成料直到开产前 10 d，接着喂开产料。在产蛋期前 40 周饲喂高蛋白日粮(18% CP)，随后的产蛋期给予低蛋白日粮(16% CP)(表 6-13)。

表 6-13　英国有机蛋鸡日粮配方　　%

组成	英国认证有机食品标签	欧盟添加氨基酸标签(1)	欧盟添加氨基酸标签(2)
日粮组成			
谷粒	20.2	30.3	23.7
麦麸	30.0	29.7	30.0
啤酒糟	6.3	0.6	—
豌豆	14.8	15.0	15.0
大豆	—	—	6.3
紫花苜蓿	5.0	5.0	5.0
鱼粉			
植物油	7.7	3.4	3.6
酵母	3.6	5.0	4.5
钙/磷源	9.2	8.2	8.7
盐	2.9	2.5	2.9
矿物质/维生素	0.3	0.2	0.2
赖氨酸/蛋氨酸	0.1	0.1	—
营养成分			
粗蛋白质	16.0	16.0	17.0
代谢能/(MJ/kg)	1.1	1.1	1.1
赖氨酸	0.8	0.8	1.0
蛋氨酸	0.3	0.3	0.3
亚油酸	4.9	2.7	3.1
钙	3.5	3.5	3.5
非植酸磷	0.5	0.5	0.5

常规生产的产蛋鸡可消化蛋氨酸需要量为 0.33%(表 6-13)，土豆蛋白粉和玉米蛋白粉中蛋氨酸含量丰富，尽管土豆和玉米在有机条件进行种植，但是由于量少，难以单独加工，因而，市场上供应量很少。采用一般的有机饲料原料可消化蛋氨酸含量均达不到 0.3%(表 6-14)，说明配制有机蛋鸡饲料还是有一定的难度。

饲料配方受到特别的氨基酸,矿物质和维生素需要,以及饲料中原料的满足情况影响。国际上,很多养殖者依赖自己生产的谷物和豆类,再补加全脂大豆、草粉、玉米蛋白粉。但是,由于鱼粉禁止使用,生产有机饲料,配方是一个很大的问题。在欧洲一些国家合成氨基酸尤其是蛋氨酸、赖氨酸的使用也被禁止。玉米蛋白粉或玉米的其他副产品的使用也需要考虑是否允许,否则不能使用。表6-14是国际推荐的有机蛋鸡饲料配方。当然,在表6-14 95%有机原料配方中,蛋氨酸+胱氨酸容易不足,是一个主要的问题。

表6-14 国际推荐的有机蛋鸡饲料配方(95%和100%有机日粮配方) %

原料	常规日粮	95%有机日粮	100%有机日粮
玉米(常规)	40.0	—	—
小麦(常规)	22.2	—	—
48%豆粕(常规)	10.8	—	—
38%菜籽粕(常规)	7.5	—	—
贝壳粉	7.3	7.1	7.1
膨化葵花粕(常规)CF<16%	5.4	—	—
豆油(常规)	2.9	—	—
石粉	2.0	2.0	2.0
植酸酶	0.7	—	—
维生素和矿物质添加剂	0.5	0.5	0.5
盐	0.3	0.37	0.36
磷酸氢钙	0.19	0.81	0.66
L-赖氨酸盐酸盐	0.11	—	—
碳酸钠	0.10	—	—
DL-蛋氨酸	0.09	—	—
玉米(有机)	—	40.0	22.3
膨化菜籽(有机)	—	17.5	17.5
小麦(常规)	—	11.3	19.7
膨化大豆(常规)	—	10.1	24.4
土豆蛋白粉(常规)	—	3.6	—
葵花油(常规)	—	3.3	4.5
豌豆(常规)	—	2.0	—
玉米蛋白粉(常规)	—	1.4	—
脱壳葵花籽(常规)	—	—	1.0

续表 6-14

原料	常规日粮	95%有机日粮	100%有机日粮
营养成分			
代谢能/(MJ/kg)	11.8	11.8	11.8
可消化赖氨酸	0.67	0.79	0.89
可消化蛋氨酸	0.33	0.30	0.28
可消化蛋+胱氨酸	0.57	0.57	0.57
可消化苏氨酸	0.48	0.63	0.63
可消化色氨酸	0.16	0.18	0.21
钙	3.8	3.8	3.8
非植酸磷	0.30	0.30	0.30

引自：Van krimpen 等，2016.

三、有机饲料加工

散养的情况下，鸡在野外环境可以采食大颗粒石子，有助于肌胃发育，增强消化功能。谷物的粉碎粒度可以适当细。

如果饲喂整粒谷物，可以采取添加细颗粒石粉。粗碎谷物或整粒谷物有助于提高禽类肌胃功能及抗病力。因此，在有机鸡饲养中经常是在日粮中加入整粒谷物。加入糖蜜或适当的油脂和制粒，可以减少以木薯为基础的日粮产生的粉尘。

四、饲料防霉和脱霉

由于谷物和蛋白质饲料容易因水分过高发生霉变，常用霉菌毒素吸附剂来降低霉菌毒素的污染。常用的霉菌毒素吸附剂主要有膨润土、硅铝酸盐、精炼菜籽油、漂白黏土以及苜蓿纤维等。吸附剂可以阻止霉菌毒素被消化道吸收。但是某些黏土或吸附剂同样也可以结合维生素，导致机体无法获得足够的维生素。有报道称，改良酵母细胞壁提取物甘露寡糖(MOS)能够有效地结合黄曲霉毒素，而且对赭曲霉毒素和镰刀菌毒素也有一定的吸附作用，但是它的优点是不结合维生素和矿物质。

饲料储存过程是防止霉菌生长和霉菌毒素产生的重要时期。已除杂的饲料原料含水量应该低于 14%，并储存到干净、最好绝热的仓库中。如果环境温度较高或者储存条件较差，可以添加适量的霉菌抑制剂(丙酸)。

如果怀疑有霉菌毒素中毒，应该立即更换饲料来源。随后对饲料、饲料储存仓库、饲料处理设备、粉碎机进行全面彻底检查。成块的和发霉的饲料应该及时清除，设备要清洗干净。用稀释的次氯酸盐溶液冲洗车间，以减少霉菌附着。

第七章 有机鸡卫生与疾病防治

由于有机生产禁止使用抗生素，大规模有机鸡生产死亡率高于常规家禽生产。因而，有机鸡生产应更加注重鸡场卫生与鸡群疾病的防治工作。有机家禽生产应采取前瞻性的健康管理，既需要有动物健康计划，还需要懂兽医有关的工作。首先是提供足够的房舍和空间，通风和良好的营养降低疾病，维持正常免疫。避免在免疫和生物安全过程中带来疾病，尽量采用天然的措施进行处理。有机生产中可以使用疫苗来预防疾病。但是很多疫苗是基因工程苗，一般来说，有机生产中不能采用基因工程的材料。在美国，可以采用疫苗来预防马立克、新城疫、传染性支气管炎和球虫病。

有机鸡生产中，非病毒性疾病的发生比较普遍。常见疾病有寄生虫病、食源性疾病（沙门氏菌、弯曲杆菌感染）、坏死性肠炎等。食源性疾病是有机生产中普遍存在的问题。在丹麦，所有的 22 个有机肉鸡场均存在弯曲杆菌，而常规肉鸡场的发生率只有 1/3。在荷兰，31 个有机农场中发现沙门氏菌感染，发生率为 13%，弯曲杆菌感染发生率为 35%。与传统的肉鸡群相比，有机肉鸡群沙门氏菌发生率较低，而弯曲杆菌发生率较高。在芬兰，有机蛋鸡农场中，根据粪便样本检查，76%～84%存在弯曲杆菌污染。美国农业部（USDA）食品安全检验局（FSIS）在 1994—1995 年进行的一些研究显示，浸泡冷却的家禽胴体弯曲杆菌检出率为 88.2%。坏死性肠炎也是大规模有机肉鸡生产中的常见问题，有机肉鸡生产中因坏死性肠炎引发的死亡率达到 5%～10%，有机蛋鸡生产中死亡率也达到 3%～5%。因而，应高度重视。

第一节 寄生虫病的控制

鸡寄生虫病主要包括球虫病、线虫病以及红螨虫病。

一、球虫病

球虫（Coccidium）是一种原生动物，在畜牧生产中，鸡的球虫病最为常见，它是由一种或几种寄生于鸡肠道黏膜上皮细胞内的动物界，原生动物亚界，复顶门孢子虫纲，球虫亚纲，真球虫目，艾美耳球虫科，艾美耳球虫属的球虫所引起的。

球虫的感染具有广泛性。几乎可以说，凡养鸡的地方，就有鸡球虫。世界各国已经记载的艾美耳属鸡球虫种类共有 14 种之多，中国已发现的有 9 种，分别是柔嫩艾美耳球虫(*E. tenella*，1891 和 1909)、堆型艾美耳球虫(*E. acervulina*，1929)、巨型艾美耳球虫(*E. maxima*，1929)、和缓艾美耳球虫(*E. mitis*，1929)、毒害艾美耳球虫(*E. necatrix*，1930)、早熟艾美耳球虫(*E. praecox*，1930)、哈氏艾美耳球虫(*E. hagani*，1938)、布氏艾美耳球虫(*E. brunetti*，1942)、变位艾美耳球虫(*E. mivati*，1964)。有人在湘黄鸡饲养较集中的沿湘江流域养鸡户鸡场的新鲜粪便中，发现含有 5 种鸡的艾美耳球虫，各鸡场感染的球虫不一致，但多为混合感染，一般 3～4 种，多的有 5 种(胡永灵和刘毅，2011)。

不同种的球虫，在鸡肠道内寄生部位不一样，其致病力也不相同。其中以柔嫩艾美耳球虫和毒害艾美耳球虫为最常见，危害也最大，而且常发生各种球虫的混合感染。柔嫩艾美耳球虫主要寄生于鸡的盲肠内，也称为盲肠球虫，在雏鸡中常见，患病后的雏鸡死亡率可达 70%以上，致病力最强。毒害艾美耳球虫主要寄生于鸡的小肠中间 1/3 段，而卵囊存在于盲肠，青年鸡多见，患病鸡死亡率高达 50%以上；雏鸡的发病率和致死率也较高，病愈的雏鸡生长受阻，体重增加缓慢；带虫的成年鸡体重增加缓慢，产蛋能力降低，此种球虫发病较重，致病力强。艾美耳属球虫可以侵入肠道黏膜并且引起不同程度的上皮细胞死亡和炎症，降低机体对其他感染的抵抗力，引起继发感染，肠道正常菌群的动态平衡发生改变，主要危害是导致腹泻、脱水、体重减轻、直肠脱出、痢疾和严重的临床疾病及高死亡率。巨型艾美耳球虫寄生于小肠，以中段为主，有一定的致病作用。堆型艾美耳球虫寄生于十二指肠及小肠前半段，有一定的致病作用，严重感染时引起肠壁增厚和肠道出血等病变。布氏艾美耳球虫寄生于小肠后半段、直肠、盲肠根部和泄殖腔，有一定的致病力，能引起肠道点状出血和卡他性炎症。和缓艾美耳球虫、哈氏艾美耳球虫寄生在小肠前半段，致病力较低，可能引起肠黏膜的卡他性炎症。变位艾美耳球虫寄生于小肠、直肠和盲肠，致病力较弱，轻度感染时肠道的浆膜和黏膜上出现单个的、包含卵囊的斑块，严重感染时可出现散在的或集中的斑点。早熟艾美耳球虫寄生在小肠前 1/3 段和十二指肠，致病力弱，一般无肉眼可见的病变。

(一)球虫病的危害

球虫病严重危害养鸡行业，一年四季均可暴发。少量感染仅引起不易察觉的损伤，而且可使鸡产生保护性免疫，在临床上称为球虫感染。当大量的球虫卵囊感染鸡只时，可引起明显的症状，称为鸡球虫病。所有日龄和品种的鸡对球虫都易感，尤其21～45日龄的雏鸡最易感。如果治疗不及时，雏鸡暴发球虫病的死亡率可达20%～30%，严重时高达80%。病愈的雏鸡，生长发育受阻，饲料转化率下降，抵抗力降低，易患其他疾病，带虫鸡可通过粪便传播球虫病。球虫患病率在鸡病中比例达到了1/5～1/4，20～50 d的小鸡发病率达到了60%～70%、病死率30%～40%，最恶劣的情况下其病死率达到90%。

鸡球虫病主要发生于3月龄以内的鸡，尤其饲养在温暖、潮湿环境中的鸡容易发生此病。病鸡携带及排出的卵囊可存活达数月之久，是主要的传染源。此病根据病程长短分为急性型和慢性型两种类型，急性型病程短，病鸡食欲减退，排水样稀便，死亡率达50%；慢性型病程较长，病鸡逐渐消瘦，间歇性下痢，死亡较少。鸡球虫病的病变主要在肠道，球虫感染时造成鸡肠道损伤，黏膜充血、出血和坏死，使日粮中脂肪消化不良，钙离子形成不溶性的钙皂，使肠道对钙的吸收减少，肠道吸收功能下降，对葡萄糖、钾离子、钠离子吸收降低，加之炎症区组织细胞崩解，细胞内钾离子释出，血钾浓度反而升高，进而引起血钠浓度下降，机体腹泻和脱水，体内渗透压发生变化，电解质平衡紊乱等。

雏鸡感染球虫后，大量肠上皮细胞受损、出血，严重者造成死亡。对于成年鸡，由于长期接触球虫导致不同程度感染，形成一定的自身免疫，球虫病的危害不如雏鸡严重。但是，也引起成年鸡饲料利用率下降，生长性能或产蛋性能降低。

过去，生产中通过添加抗球虫药来控制球虫病的发生。但是，由于球虫药极容易发生耐药性，抗球虫的治疗效果不好。另外，球虫药通过鸡蛋排出，或在体内积累形成药物残留。因而，有机鸡生产中禁止使用抗球虫药。

1. 球虫感染对鸡生产性能的影响

研究发现，在胃肠道发生球虫感染时，不但会引起动物厌食，营养吸收不良，还会造成内源氮从胃肠道丢失。在感染巨型艾美尔球虫肉鸡的试验中同样发现，感染组的白羽肉鸡日采食量、日增重、饲料转化率及存活率分别降低2.6%、36.4%、45.3%和18.5%。另外，崩解的肠道上皮细胞可以产生毒素，引起自体中毒；肠黏膜上皮细胞的完整性被破坏，使细菌易侵入，发生继发感染，导致临床上出现发热、出血下痢、消瘦，甚至衰竭死亡。雏鸡感染球虫卵囊后增重受到严重影响。

2. 球虫感染对鸡肠道生态菌群的影响

球虫感染后，由于继发感染及肠道内原有菌群的竞争生活，扰乱原有的微生态平衡引起肠道微生态系统的变化。如感染柔嫩艾美耳球虫、布氏艾美耳球虫、堆型艾美耳球虫和毒害艾美耳球虫后的3～8 d，其粪便中需氧微生物总浓度将增加10倍；感染柔嫩艾美耳球虫后的第4天，可见粪便中链球菌属、肠道球菌及发酵乳杆菌等明显减少。

3. 球虫感染对血液指标的影响

雏鸡感染巨型艾美耳球虫后，其红细胞数、血红蛋白含量明显降低，第8天达到最低值,白细胞数在感染后第 8 天显著上升。通过研究布氏艾美耳球虫感染的鸡血清表明,其血清总蛋白和白蛋白也都明显降低,体内蛋白消耗过多而得不到补充,使机体产生的免疫球蛋白量很少。球虫感染所引起的生理生化变化是多方面的,这些变化程度与感染程度及球虫寄生部位有关。

4. 球虫感染对病理的影响

放养鸡感染球虫的病理变化主要集中在肠道,尤其是盲肠,表现为盲肠明显肿大,呈棕红色或暗红色,质地坚实,并伴有严重的糜烂,浆膜上有斑驳不规则的局灶性出血,盲肠壁肥厚,黏膜有大量弥漫性出血(图 7-1,由张贝贝提供),盲肠内容物大部分为血凝块或混有血液的干酪样坏死物质。部分鸡小肠扩张,有严重坏死,有弥漫性出血,肠壁有明显的淡白色斑点,内容物为血粪混和物。感染柔嫩艾美耳球虫的鸡盲肠肿大坏死,充满血液或干酪物;感染毒害艾美耳球虫病的鸡小肠中部高度肿胀或气胀,这是本病的重要特征,此外还出现肠壁充血、出血和坏死,黏膜肿胀、增厚等症状;堆型艾美耳球虫病病变主要集中于十二指肠和空肠前段,呈散灰白色带状坏死病灶;布氏艾美耳球虫病主要发生于小肠至直肠部位,浆膜面可见肠系膜血管和肠壁血管充血,肠道变细,肠壁变薄,呈粉红色至暗红色,肠黏膜出血,肠内容物以黏液和少量血液为主;巨型艾美耳球虫病表现为小肠中段肠腔胀气、肠壁增厚,肠道内有黄色至橙色的黏液和血液。

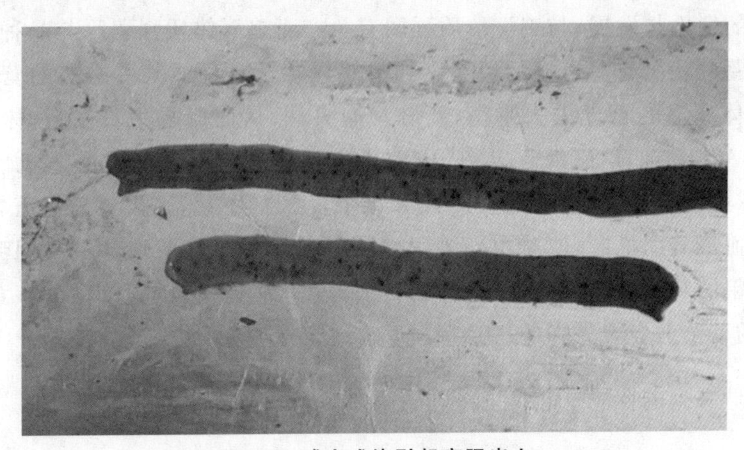

图 7-1　球虫感染引起盲肠出血

(二)影响球虫感染的因素

1. 外部环境因素的影响

环境对鸡球虫感染的影响具有很大的作用,球虫卵囊随粪便从体内排到外界环境中时是未孢子化的卵囊,必须在外界环境中适宜的温度和湿度条件下,孢子化后才具有感染力。在高温和高湿的春季和夏季,特别是在潮湿多雨、气温较高的梅雨季节易暴发球虫感染，冬季舍内温度过低，或非常干燥时，因卵囊孢子化不良，球虫感染的发生也随之减少。

李旭红(2007)对岳阳地区鸡群球虫感染的发生情况进行了系统的调查，结果表明湖区四个县市的雏鸡球虫感染的发病率比山区的普遍高，这主要与湖区湿润的气候相关。

2. 管理因素的影响

一些饲养场或者散户技术力量薄弱，消毒工作不到位，对球虫感染不够重视，容易暴发球虫问题，对于笼架养鸡场有些养殖户本身有主观上的错误，以为自己的鸡体不接触粪便，对球虫疏于防范，导致球虫感染疾病的发生，而地面平养鸡场的肉鸡或者放养鸡处于污染环境中，极易感染球虫。在饲养管理条件不良、习性改变、鸡舍潮湿、拥挤、卫生条件恶劣、运输等造成鸡机体本身免疫力弱，最易发病。此外，管理过于粗放，如不同日龄的鸡只混养，造成大欺小、强欺弱，严重的抢食抢水等现象；恶劣天气照常放牧，放牧场没有可供鸡只蔽阴的地方等，造成鸡的抗病力下降，易感疾病。在室内温度达到 30～32℃，湿度 80%～90%时，鸡只最易感染发病。因此，球虫感染可以通过好的管理方法和良好的外部条件来控制，如良好的通风、干燥和清洁的垫料、清洁无污染的饮水和饲料、适宜的饲养密度。

3. 营养因素的影响

疾病的发生与发展，与鸡群体质强弱有关。而鸡群体质强弱除与品种有关外，还与鸡的营养状况有着直接的关系。如果鸡体缺乏某种或某些必需的营养元素，就会使机体所需的营养失去平衡，新陈代谢失调，从而影响生长发育，体质减弱。如维生素 A 和维生素 K 缺乏，会造成消化道黏膜的完整性和血凝固机制受到损害，此时球虫易于侵袭，因为维生素 A 和维生素 K 的不足，丧失对消化道黏膜的保护并损害血液凝固机制，使球虫卵囊很容易侵入。柔嫩艾美耳球虫对饲喂以玉米为基础日粮的鸡致病性较低，这与烟酸和核黄素含量有关，因为烟酸和核黄素缺乏时，球虫的繁殖力会大为降低。

(三)球虫病的控制

从 1936 年首次出现专用药物后，Levine 于 1939 年又发现磺胺类药物有抗球虫感染的作用，之后陆续发现并投入临床应用的有 50 多种药物，已报道的达 40 余种。为控制球虫病的发生，每年用于预防球虫感染的经费巨大，如英国达 280 万英镑、美国达 9 000 万美元，全球超过 3 亿美元。据 Bhogal 等(1992)称，全球每年因鸡球虫造成的损失高达 20 亿美元，抗球虫药每年消费是 3.2 亿美元。而 Williams (1999)对英国有关养鸡业生产数据的精确统计并用数学模型估计，1995 年英国的养鸡量为 6.5 亿只，因球虫而导致的经济损失高达 3 860 万英镑，其中 80.6%因生产性能降低，17.5%因药物使用而引起。Allen 和 Fetterer(2002)进一步指出，美国每年因球虫引起的经济损失每年高达 6.4 亿美元，全世界每年因鸡球虫造成的经济损失高达 80 亿美元。我国 2009 年养鸡量超过 50 亿羽，为英国年养鸡量的 10 倍左右，即使不考虑养殖管理水平低劣的影响，其损失也不会低于英国的平均水平(季辉，2009)，而我国每年在用于抗鸡球虫感染上的药物费用则高达 16 亿～18 亿元人民币，这给畜牧业生产带来了非常严重的经济损失。

在农业农村部发布的《饲料药物添加剂使用规范》附录一中，近 1/2 的饲料药物添加剂用于对抗球虫感染，而抗球虫药物的大量或超剂量添加使用早已严重造成球虫虫体产生超强的耐药性，经常导致球虫问题的暴发和频发，继而继发其他肠道性疾病。目前所用的抗球虫感染药物几乎都已出现抗药虫株，即使在用药情况下仍可暴发球虫病或出现亚临床感染情况；研究发现广西大部分地区药物已经失去效果，如果继续使用这些已产生抗药性的药物，不仅不能控制鸡球虫感染，还会造成人力、物力的浪费和诸多其他问题。此外，化学合成药物和抗生素等会在鸡的肉、蛋中残留，降低了畜产品的质量和安全性，也给人类健康带来潜在危害。作为有机鸡生产，最需要解决的是用药物预防或治疗球虫病。

1. 加强饲养管理控制球虫病

由于球虫卵的孵育需要在湿度较高的条件下，因而，控制垫料的湿度有助于减少球虫卵的孵育。但过于干燥的垫料容易引起粉尘增加，引起呼吸道疾病。因而，在采用地面平养的有机鸡生产中，垫料的选择和更换尤其重要。通过在鸡舍中使用更多清洁麦秸或其他秸秆增加垫料的厚度，可以减少鸡群与虫卵感染的机会，降低球虫病的发生。因而，实际生产中要么经常添加垫料，要么勤换垫料。

2. 疫苗控制

由于长期使用抗生素导致耐药株的出现，药物对宿主的毒副作用以及药物残留等问题使人们开始重视球虫免疫预防方面的研究。迄今为止，国际上已经研制出了许多种类的鸡艾美耳属球虫疫苗，从首先采用的鸡球虫活疫苗到核酸疫苗再到活载体疫苗，已经取得了很大的成就。目前几种不同类型的球虫活疫苗已经投入到商品化生产中。

3. 通过营养途径预防球虫

早在 20 世纪初期，就有许多学者开始对日粮营养与鸡球虫感染的关系进行了很多的研究。通过调整日粮营养成分，如添加亚麻籽或鱼油提高 n-3 PUFA(一种不饱和脂肪酸)、维生素、甜菜碱、葡萄糖氧化酶可提高机体的免疫力，在一定程度上减轻或控制球虫造成的经济损失。

(1)控制日粮蛋白质水平　富含蛋白质的日粮可以提高柔嫩艾美耳球虫感染鸡的死亡率，增加堆型艾美耳球虫感染鸡的卵囊数量，并且较早出现临床症状(张晓波，2007）。低蛋白质日粮比高蛋白质日粮具有更好的缓解球虫感染的效果。

胰蛋白酶是球虫子孢子从孢囊中脱囊必需的酶，低蛋白质日粮减少球虫发病率可能与抑制了释放胰蛋白酶的刺激物有关。由于生大豆中含胰蛋白酶抑制因子等物质，可抑制球虫的发育，可降低感染所有艾美耳属球虫鸡的盲肠病变率。但生大豆添加量不能过高，饲喂时间不能过长。

（2）提高蛋氨酸和苏氨酸水平　在巨型艾美耳球虫感染的情况下，提高日粮蛋氨酸可降低白羽肉鸡感染球虫后卵囊的排放量及病变率（Lai 等，2018）。也有研究认为，添加 0.4％的苏氨酸可提高柔嫩艾美耳球虫感染期间白羽肉鸡的存活率。

（3）采用富含中链脂肪酸的油脂　中链脂肪酸（MCFA），即含 6～12 个碳原子的脂肪酸，包括已酸、辛酸、癸酸和月桂酸。椰子油和棕榈油富含中链脂肪酸。其在椰子油中的含量高达 66％，椰子油约占世界油脂产量的 1/10。一些动物的乳中也含有丰富的 MCFA，如兔子和大鼠的乳中 MCFA 含量高达 50％。

中链脂肪酸具有特殊的化学结构，具有抗菌作用的分子，一般认为其通过以下途径作于球虫：①可以迅速进入细菌细胞膜的脂质层，通过破坏细菌细胞膜结构而引起内容物丢失、运输机制被破坏而起到抑制细菌的作用。②未解离的中链脂肪酸分子能轻易地穿透微生物细胞壁，然后酸分子会发生解离，使得能耗增加，造成细菌代谢衰竭，最终会死亡；酸分子释放 H^+，使得细胞内的 pH 降低，引起“pH 敏感型细菌”的死亡；研究者认为中链脂肪酸通过减弱对胆汁分泌的刺激抑制球虫在体内的生长繁殖，降低排泄物中的球虫卵囊数；另外，在 pH 较低的情况下中链脂肪酸具有一定的抗菌作用，容易进入细胞膜，分解病毒细胞膜质，从而杀死病原菌。辛酸、月桂酸在 pH 较低的情况下，可以减少梭菌细胞数。月桂酸与其他药物相比有抗菌、抗寄生虫作用，通过不断积累进入寄生虫体内的细胞质，使其达到极大值，最终因饱和而使细胞破裂，抑制球虫在体内的生长繁殖。张晓波（2007）研究发现，日粮中添加中链脂肪酸能够减少排泄物中球虫卵囊数，维护肠道的完整，缓解球虫对机体损害，提高平均体重，具有降低堆型艾美耳球虫对肉鸡盲肠损伤的效果，一定程度上能够有效抵抗球虫对机体的危害，但是不能完全清除寄生于体内的艾美耳属球虫。日本也有研究发现，中链脂肪酸可以完全缓解球虫感染的发生，即使因人工感染鸡体出现球虫感染病变后，饲料中如果加入中链脂肪酸也能明显抑制疾病的加重，排泄的卵囊量明显降低，几乎未见盲肠病变。

综上所述，肉鸡日粮中添加中链脂肪酸能抑制球虫在机体内的繁殖效果，缓解球虫病对鸡的危害，建议添加量为 0.3％。

（4）添加鱼油或亚麻籽油　有研究结果表明，日粮中添加 2.5％～10％鱼油、10％亚麻籽油时显著减轻了盲肠的球虫病变，保持了体重。鱼油和亚麻籽油中含有二十碳五烯酸（EPA）和二十碳六烯酸（DHA），EPA 和 DHA 使鸡具有一定的抗柔嫩艾美耳球虫感染的能力，抗柔嫩艾美耳球虫感染的作用机制可能包括两方面：一方面，通过渗透作用进入寄生虫体内，使其抗吞噬细胞氧化性攻击的能力降低；另一方面，还可能通过动物免疫系统降低炎症反应对动物机体产生的不利影响。

日粮脂肪酸抗球虫感染的缓解作用与球虫种类和侵入肠道的部位有密切关系。日粮脂肪酸可有效抑制生活在较为缺氧的盲肠环境中的脆弱球虫，据分析认为日粮脂肪中的脂肪酸通过改变细胞中的脂肪成分从而改变细胞膜流动性、通透性、受体功能和膜结合酶的活性。同时还有研究发现，鱼油与中链脂肪酸在抗球虫感染方面还存在协调作用。

(5)调整碳水化合物类型或添加非淀粉多糖酶　鸡与艾美耳属球虫对碳水化合物的需要很类似，但是甘露糖并不能影响卵囊的排泄量；而对于给予乳糖、淀粉或 *D*-果糖的鸡，球虫卵囊的排泄量却出现明显上升；同时饲喂蔗糖的鸡，其球虫卵囊排泄量比饲喂乳糖、淀粉或 *D*-果糖更大；而鸡的基础日粮中含有麦芽糖、葡萄糖、支链淀粉时，其球虫卵囊排泄量是最大的。这三种物质可能在艾美尔属球虫体内形成营养储备。鸡的盲肠病变仅在饲喂含果糖或淀粉的日粮时才增加，而饲喂含乳糖、甘露糖或 *D*-半乳糖饲料的鸡，其盲肠病变计分则减少。此外，使用整粒粮食以及粗纤维含量高的饲料与饲喂低粗纤维的全价配合饲料基础日粮相比，鸡球虫感染发生减少，感染柔嫩艾美尔球虫鸡的死亡率降低。

近年来的研究发现，黏性强的日粮中添加非淀粉多糖酶，可以通过有效降低空肠食糜黏度，降低鸡粪便中蛔虫卵囊数。

(6)提高维生素水平　维生素是动物维持正常代谢所必需的一类低分子有机营养物质。球虫是单细胞原虫，日粮中的维生素含量直接影响鸡体内球虫的生长与发育。当日粮缺乏维生素 A 时，试验鸡群感染球虫后的死亡率可达 80%以上，维生素 A 添加越多，其死亡率越低。此作用可能归因于维生素 A 可以保护鸡肠道黏膜上皮的完整性并能提高损伤修复功能，从而增强了抵抗球虫入侵的能力。自然感染球虫的鸡肝脏中维生素 A 的储存量较低，在田间条件下，维生素 A 可促进感染球虫鸡的康复。每千克饲料中添加 17 600 IU 维生素 A 饲喂感染堆型艾美耳球虫、柔嫩艾美耳球虫及毒害艾美耳球虫的鸡，发现对鸡的生长及食欲均有类似的提高效果(McDougald 和谢明权，1990)。添加饲料标准 6 倍以上的维生素 A，可产生良好的缓解球虫感染的效果。

维生素 E 能使柔嫩艾美耳球虫的繁殖率降低 51%，但明显的刺激堆型艾美耳球虫的繁殖，高达 213%。当鸡感染柔嫩艾美耳球虫时，每千克饲料补充 100 IU 维生素 E，可降低死亡率和提高增重。

另外，日粮中生物素和烟酸不足，或硫胺素、核黄素、胆碱及叶酸缺乏时，会导致球虫繁殖力大大降低。

(7)采用甜菜碱抑制球虫感染　甜菜碱率先在欧洲被发现，因其最开始是从甜菜中提取而得名。它是一种多功能的新型饲料添加剂品种，大量存在于自然界的动物、植物、微生物中。植物是外源性甜菜碱的主要来源，麦麸、麦胚、菠菜、甜菜等都富含这种生物碱，尤以甜菜糖蜜中含量最高。它属于季胺型生物碱物质，是胆碱的氧化形式，是具有生物活性形态的维生素前体和甘氨酸的三甲基衍生物。

研究表明，感染球虫的肉鸡日粮中添加甜菜碱能够增加十二指肠上皮淋巴细胞数量并增强吞噬细胞功能，增加宿主对球虫感染的免疫应答来改善球虫感染造成的有害影响。陈崇霄等(2013)研究表明，日粮中添加0.1%的甜菜碱能显著降低放养鸡盲肠病变($P<0.05$)和粪便卵囊数($P<0.001$)，并有良好的增重效果，达到药物对照组的效果。

甜菜碱对柔嫩艾美耳球虫的作用主要是抑制其侵害性，对以后的发育则没有多大影响；对堆型艾美耳球虫，其侵害性和发育都受到了甜菜碱的抑制，从而降低了球虫病发病率。甜菜碱的作用可能不仅在于抑制球虫的侵害性和发育，可能还包括增强胃肠道的完整性和功能，使鸡得以克服球虫感染。由于甜菜碱具有渗透保护作用，对于球虫侵袭性和球虫发育均有一定的阻止作用，鸡脱水时可与膜磷脂相互作用来稳定细胞膜，并且减少粪便中水的含量，同时可增加一些营养物质的可消化性，还可维持鸡肠道的结构和功能，可提高鸡抵抗球虫感染的能力，对于防治鸡球虫病具有实用价值。

电解质平衡紊乱是导致雏鸡感染球虫死亡的主要原因之一，甜菜碱的抗球虫感染作用明显，通过补充钾离子的量而缓解雏鸡因感染艾美耳球虫造成的电解质紊乱，又对巨型艾美耳球虫裂殖体繁殖有明显的抑制作用，达到标本兼治的目的。

球虫感染可导致肠道pH和营养物质吸收率降低，而甜菜碱可以积聚在肾髓质细胞，使细胞承受更大的渗透压，减轻球虫所致的组织损伤，提高生产性能。甜菜碱也可以积聚在感染了球虫的鸡小肠细胞上，增加小肠结合水的能力，稳定小肠细胞，抵消因腹泻和脱水引起的渗透压改变，从而达到抗球虫感染的效果。

研究表明，饲料中联合添加中链脂肪酸和甜菜碱更有利于降低粪便中卵囊数，可以对球虫感染起到缓解作用，具有显著的正面效果，且优于单独添加甜菜碱或中链脂肪酸。

(8)天然植物或副产品　由于青蒿素对球虫卵囊孢子化具有抑制作用，减少了卵囊的排出，还可以增加机体清除自由基的能力，减少自由基对机体的损害，从而起到保护肠道的作用，可抑制柔嫩艾美耳球虫对肠道的炎症反应，使鸡的出血、贫血情况得到明显减轻。蛋鸡日粮中添加青蒿叶，具有和抗球虫药物相同的抗球虫效果。雏鸡日粮连续添加4%的青蒿粉，有助于控制球虫病，减少雏鸡血便的发生率，提高雏鸡的成活率。

二、线虫病

鸡线虫病（Nematodosis）是由线形动物门，线虫纲（Nematoda）中的线虫所引起的。线虫外形一般呈线状、圆柱状或近似线状，两端较细，其中头端偏钝，尾部偏尖。雌雄异体，一般是雄虫小，雌虫大，雄虫的尾部常弯曲，雌虫的尾部比较直。大小差异很大，从 1 mm 至 1 m 以上。寄生在鸡体内的线虫主要有鸡蛔虫、比翼线虫、胃线虫、异刺线虫、毛细线虫等。

（一）鸡线虫感染情况

线虫主要寄生于鸡的小肠，放养鸡群常普遍感染（图 7-2）。Sherwin 等（2013）检测 19 群 65 周龄放养鸡线虫流行情况，发现 17 群鸡（占 89%）检测出异刺线虫虫卵，9 群鸡（占 47%）检测到毛圆线虫卵。另外，有机生产和常规生产对线虫感染与否没有影响。杨建发等（2011）调查昆明市北郊放养鸡寄生虫感染情况，显示寄生虫感染率为 87.9%，表明该地区放养鸡寄生虫感染普遍存在，大多为混合感染（51.5%），最高混合感染为 5 种，线虫感染最严重（84.8%），绦虫类次之。李永华等（2018）对云南省武定县某笼养和放养混合养殖的鸡场采样 38 只成年活鸡，13 只检出异刺线虫，检出率 34.2%；8 只检出蛔虫，检出率 21.1%；2 只检出绦虫，检出率 5.3%。杨明超（2008）也发现放养鸡异刺线虫感染率 12.5%，平均感染强度为 0.25 条（1～2 条）。笔者收集放养蛋鸡粪便，统计线虫和绦虫，结果发现线虫和绦虫感染率均超过 30%。

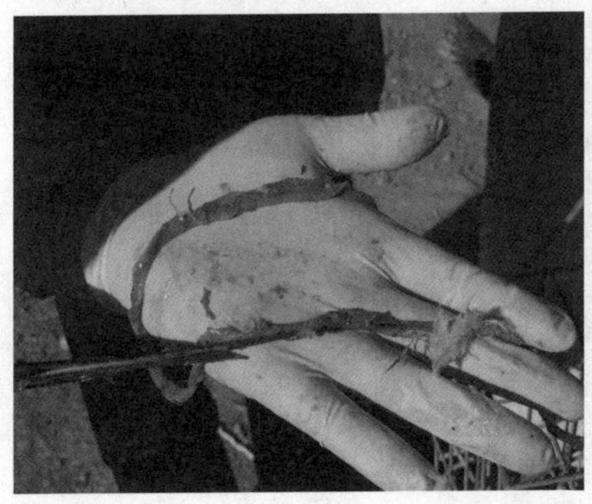
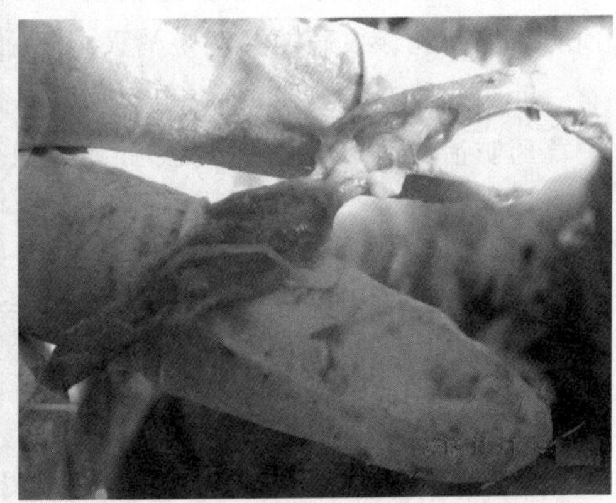

图 7-2　放养鸡肠道线虫

（二）蛔虫病

3月龄以下的雏鸡最易感。蛔虫可以在鸡体内交配、产卵，虫卵可以在鸡体内生长也可以随粪便被排出体外，地面上的虫卵被鸡啄食后进入体内造成鸡群感染。从吞食虫卵到发育成虫，需要35～58 d。剖检见小肠黏膜发炎、出血，肠壁上有颗粒状化脓灶或结节。严重感染时可见大量虫体聚集，相互缠结，引起肠阻塞，甚至肠破裂和腹膜炎。

（三）绦虫病

17～40日龄的雏鸡易感性最强，死亡率也最高。幼虫在50日龄开始形成，180 d后形成成虫，在这个日龄以后绦虫在体内的破坏和影响力是非常强的，首先虫体在机体内吸收养分和破坏肠道正常的消化吸收功能，造成鸡的营养流失，从而使鸡产生隔日下蛋和蛋质低下的现象。外观表现：鸡冠发白、腿发白。剖检见十二指肠发炎，黏膜增厚，肠腔内有多量黏液，黏膜苍白、黄染。肠壁上可见结核样结节，结节中央有米粒大小的凹陷，肠内可找到虫体或填满黄褐色干酪样物质或形成疣状溃疡，肠腔中可发现乳白色分节的虫体（钟舒红，2012）。

（四）线虫病的预防措施

线虫主要导致雏鸡发病，造成饲料报酬下降。成鸡是线虫病的携带者和传播者，一般不发病，但增重和产蛋能力下降。目前防治控制线虫的主要手段仍是靠饲喂左旋咪唑等药物进行驱虫，但易引起耐药性问题以及食品安全问题，不利于生产有机食品。由于鸡绦虫，在其生活史中必须要有特定种类的中间宿主参与，因此，预防和控制鸡绦虫病的关键是消灭中间宿主，从而中断绦虫的生活史。

针对放养产蛋鸡线虫、绦虫病感染率高，影响放养鸡产蛋率和体况。可以采用中草药防治有机放养产蛋鸡线虫和绦虫病。具体措施为：每吨产蛋鸡日粮添加0.2%青蒿素，每个月连用10 d。此外，饲喂百步草和仙鹤草也具有一定的效果。

第二节　食源性病原微生物的控制

食品安全是有机生产中非常重要的一个环节。一些研究认为，有机生产中食源性疾病比常规生产要严重得多。在丹麦，所有22个有机肉鸡养殖场均发现空肠弯曲杆菌，但传统肉鸡养殖场只有1/3发现空肠弯曲杆菌。由于有机鸡饲养期长，有更多的机会接触病原菌。因而，更应关注食源性微生物的感染。家禽食源性病原微生物包括沙门氏菌、空肠弯曲杆菌和大肠杆菌等。

一、沙门氏菌

(一)沙门氏菌的危害

沙门氏菌病是目前危害养鸡业最常见的细菌性疫病之一,鸡白痢和鸡伤寒是鸡群中主要沙门氏菌疾病,该菌可经过垂直感染,可引起雏鸡的大批死亡,产蛋鸡的产蛋量和孵化率下降,蛋受污染的概率增加。雏鸡出壳后1周左右就会大量发病,给养鸡业造成重大的经济损失。

(二)有机鸡生产中沙门氏菌的发生情况

调查中发现,沙门氏菌是严重危害雏鸡成活率的病因之一。鸡白痢杆菌病在放养鸡中显得尤为突出,与种鸡未做鸡白痢杆菌病净化,导致带菌鸡通过种蛋传给下一代以及饲料中采用含沙门氏菌高的饲料原料有关。

(三)沙门氏菌的控制

从环境卫生、畜禽体卫生、饮水和饲料卫生等各个环节保证畜禽饲养的良好环境,有效防止沙门氏菌的传播,可以从源头上确保畜禽产品不受沙门氏菌的污染。

1. 选择沙门氏菌净化良好的鸡种或种鸡场

沙门氏菌可以通过卵进行垂直传播,通常种鸡带菌后代带菌的概率极高。因而,加强对种鸡沙门氏菌的净化,对沙门氏菌阳性种鸡全部淘汰,是减少后代沙门氏菌带菌的重要措施。

2. 饲料加工环节的控制

在饲养中使用无污染的饲料是防止畜禽产品污染的重要一环。由于有机饲料通常选择鱼粉,鱼粉容易受到沙门氏菌污染,通过饲料传递给鸡群。尽管饲料卫生标准规定沙门氏菌为“零”检出,为安全起见,还是要进行一些处理,控制饲料的污染。

(1)加热处理　即采取加热至75℃进行制粒,可以有效杀死饲料中的沙门氏菌,避免饲料来源的沙门氏菌污染。

(2)加酸处理　在饲料中添加各种有机酸如甲酸、乙酸、丙酸和乳酸等,可以降低饲料的pH,达到消灭或抑制饲料中沙门氏菌生长的效果,可以改善动物胃肠道内的微生物环境。

(3)合理使用抗菌剂　饲料中合理的添加抗菌剂(如植物提取物)能有效地抑制沙门氏菌,减少对饲料的污染,也能有效地减少沙门氏菌在盲肠中的繁殖。

3. 禽肉加工环节的控制

禽肉在生产加工线方面也可被污染。已被证实,烫毛和浸没式烫洗过程是禽肉中沙门氏菌污染和交叉污染的主要来源。在运输过程中，由于其爪、毛、皮肤很容易沾上粪便，因此，存在于饲养环境中的沙门氏菌能在加工操作开始时污染禽肉。

4. 鸡场卫生管理

家禽消毒是控制环境卫生的主要环节，不但进出养禽场的饲养、管理人员和车辆要及时消毒，禽舍地面、笼具、供饲设备、饮水器等也应定期消毒，饮水应达到饲养标准。进行免疫接种，防止沙门氏菌的传播与流行。采取净化措施，使养殖场沙门氏菌的存在降低到最低程度或消除。

5. 对污染禽产品的处理

对禽肉，可以将鸡胴体浸洗于热水、漂白水、有机酸、戊二醛或山梨酸盐等的化合物溶液中，或在鸡肉表面施用双醋酸钠盐，或喷雾冲洗；对禽蛋，可以采取熏蒸消毒、通过消毒液浸洗等方法处理。必要时，进行无害化处理。

总之，控制沙门氏菌的污染，保障人类健康，应从多方面、多途径着手，在畜禽的养殖、加工、销售等各个环节应全面系统管理，即以沙门氏菌的病原、流行病学等为开端，沿着畜禽产品生产链一直追溯到养殖场，才能确保畜禽产品安全。

二、弯曲杆菌

（一）弯曲杆菌的危害

家禽是弯曲杆菌的天然宿主，被感染鸡肠道内弯曲杆菌定殖量可达 10^6～10^9 CFU/g，并且持续到屠宰前，造成屠宰过程中胴体及零售环节禽肉产品的交叉污染，给食品安全和公共卫生带来严重隐患。研究表明，消费、处理污染的禽肉或直接接触弯曲杆菌感染的家禽是人类弯曲杆菌病的最主要来源。由于弯曲杆菌在鸡群的广泛存在，在预防和控制其他家禽疾病的过程中大量抗生素的使用导致了弯曲杆菌耐药菌株的产生。而治疗人弯曲杆菌病首选氟喹诺酮类和大环内酯类药物，因此弯曲杆菌对这两类药物的耐药性也呈上升趋势。人弯曲杆菌病为最常见的细菌性胃肠道疾病，在许多国家感染数量超过沙门氏菌病。

（二）有机鸡生产中弯曲杆菌的发生情况

发达国家弯曲杆菌病的相关报道较多，而发展中国家则相对较少，且不同国家弯曲杆菌病的流行情况因地区不同而有所差异。这种差异可能是由于该地区经常接触弯曲杆菌而具有获得性免疫力。欧洲食品安全局通过不同方法评估人弯曲杆菌病来源，发现处理、加工和消费肉鸡类产品仅占 20%～30%，而 50%～80%可能与整个家禽业相关，包括肉鸡和蛋鸡，与家禽相关的弯曲杆菌菌株也可通过其他传播途径而非禽肉直接诱发人弯曲杆菌病。在禽肉生产中控制弯曲杆菌可减少人患弯曲杆菌病的风险，同时控制肉鸡发生弯曲杆菌感染（初级生产环节）是预防人弯曲杆菌病最为有效的手段。人弯曲杆菌病为最常见的细菌性胃肠道疾病，在许多国家感染数量超过沙门氏菌病。

(三)弯曲杆菌的控制

与沙门氏菌不同，鸡蛋不是人弯曲杆菌病的传播媒介，因为弯曲杆菌不能通过垂直传播途径发生感染。空肠弯曲杆菌和结肠弯曲杆菌可能感染肉鸡，不过在6周龄时，从肉鸡分离的多数菌株为空肠弯曲杆菌，而老龄鸡如有机家禽多为结肠弯曲杆菌。

1. 家禽感染弯曲杆菌的风险因素分析

为尽可能制订较为准确的预防弯曲杆菌病的方案，有必要鉴定弯曲杆菌进入鸡群的来源和传播途径。研究发现，随着肉鸡日龄、农场鸡舍数量、农场其他动物的增加或周围环境的变化，鸡群弯曲杆菌感染率上升。荷兰的一项研究发现，当连续饲养10个批次肉鸡时，上一批次肉鸡群弯曲杆菌检测阳性时，下一批肉雏鸡进入该场发生弯曲杆菌感染的可能性较大。

2. 避免鸡群发生弯曲杆菌感染的策略

当对农场鸡群弯曲杆菌病进行预防时，沿着食物链控制弯曲杆菌为减少人弯曲杆菌病最为有效的手段。在家禽的主要生产阶段减少弯曲杆菌的感染率可预防大批量的弯曲杆菌进入屠宰场，进而使得肉制品中不含或仅含少量的弯曲杆菌。近年来，有研究表明与家禽相关的弯曲杆菌菌株通过其他传播途径而非禽肉直接诱发人弯曲杆菌病，这一观点再次强调在农场中控制弯曲杆菌病的重要性。家禽中弯曲杆菌来源的鉴定对于制订准确的预防措施以切断弯曲杆菌的传播途径至关重要。鉴于之前的风险因素，实施良好的生物安全措施、使用纱窗、减少鸡群数量有助于弯曲杆菌的控制，同时对于竞争排斥益生菌、细菌素和疫苗的使用需在大量研究的基础上才能投入生产。

(1)生物安全措施　理论上，鸡场里高水平的生物安全措施可保护鸡群免于弯曲杆菌感染。生物安全与减少弯曲杆菌感染间存在一定的关联性。但有研究证实，极高水平的生物安全措施不能保护弯曲杆菌阴性鸡在屠宰时免于弯曲杆菌感染。而北欧地区指导农场主增加农场的卫生意识可能减少农场里弯曲杆菌的发生。

(2)减少鸡群数量　出于道德和经济原因，对肉鸡舍内鸡只部分减群可为剩余的鸡只提供更多的空间。不同国家关于部分减群的方法不同，从而导致不同地区的人对于减少鸡群数量能否成为评估鸡群弯曲杆菌病的风险因素持怀疑态度。在不考虑所有卫生措施的前提下，通过机械或人为地减少鸡群数量(转群)可增加弯曲杆菌感染的风险。数学模型显示，弯曲杆菌感染后1周内，在开始传播时，肉鸡群弯曲杆菌感染率较低(低于1%，30 000只鸡)；当减少鸡群数量(转群)后1周，鸡群经常规的监测系统可能无法检测出弯曲杆菌。随着时间的推移，鸡群中弯曲杆菌阳性数量增加，进而鸡群弯曲杆菌阳性概率也在增加。

(3)纱窗　在过去以及最近几年，研究证实苍蝇可作为载体传播弯曲杆菌，同时研究发现，肉鸡舍里进出苍蝇的数量巨大，故苍蝇为鸡群感染弯曲杆菌病最为明显的风险因素。减少苍蝇进入鸡舍可有效减少鸡群弯曲杆菌感染率，该方法应用前景广泛。

(4)竞争排斥益生菌、细菌素和疫苗　竞争排斥益生菌(CE)在家禽业中已成功用于控制沙门菌。关于用 CE 控制弯曲杆菌已有报道，但 CE 对于弯曲杆菌的控制效果不稳定。到目前为止，仍没有可用的商业产品。最近的一项研究成果是在饲料中添加细菌素以控制鸡群发生空肠弯曲杆菌感染进行的试验。该方法在预防弯曲杆菌定殖方面效果显著，但仍然无法商业化推广。

目前在家禽养殖中还没有可用于抵抗弯曲杆菌感染的商业疫苗。主要可能是弯曲杆菌菌株多样性以及对菌株诱发机体保护性免疫应答的机制仍未知等。

(5)减少鸡群中弯曲杆菌的方法　一旦鸡群中发现有弯曲杆菌感染，鸡场中接近 100%鸡只会发生弯曲杆菌感染，同时鸡只粪便中弯曲杆菌数量巨大(大于 10^6 CFU/g)。有 2 种方法可用于减少弯曲杆菌感染：第一种方法是应用能特异性黏附和裂解弯曲杆菌细胞的溶解性噬菌体(噬菌体疗法)。弯曲杆菌风险评估模型显示，此法可使得人粪便弯曲杆菌数量减少 2～3 lg。在禽肉中，有弯曲杆菌的地方就有细菌噬菌体的存在，对于公共卫生而言，噬菌体是安全的，公众也较为能够接受使用毒性噬菌体来控制弯曲杆菌。减少弯曲杆菌感染的第二种方法为使用细菌素。

(6)避免屠宰场发生弯曲杆菌交叉污染　多项研究显示，在将鸡只运输到屠宰场的过程中，弯曲杆菌阴性鸡只可能因接触携带弯曲杆菌的运输箱而受到污染。不过，这仅会给动物造成外部污染，其肠道不会出现明显的弯曲杆菌定殖。同时，污染的运输箱对于部分建群后的鸡只而言也是一个危险因素。

由于患病鸡只肠道中弯曲杆菌数量较多，尤其是盲肠，因而鸡胴体在加工过程中其携带的病菌可能污染加工机械，弯曲杆菌阴性鸡只的胴体可能因为接触加工过阳性鸡只的机械而发生污染。但是与弯曲杆菌阳性鸡只胴体相比，虽然阴性鸡因屠宰过程中接触污染机械使其感染，但其胴体表面弯曲杆菌数量较少，使人患弯曲杆菌病的危害较小。

由于屠宰场中弯曲杆菌交叉污染难以控制，一个有效的方法是将弯曲杆菌阳性鸡和阴性鸡分离，接着对弯曲杆菌阳性鸡群的鸡肉进行净化。理论上该法可行，但实际上分离弯曲杆菌阴阳性鸡群相对较为复杂。在鸡群出栏时，了解鸡只弯曲杆菌感染情况可尽可能地将弯曲杆菌阳性鸡只直接送到专供阳性鸡只屠宰场，而阴性鸡只则在其相应的屠宰场内进行加工。应用传统细菌培养技术检测鸡群弯曲杆菌感染情况，在抽样和屠宰之间所耗时间较长，因为阴性鸡只在抽样和屠宰过程中容易受污染而成为阳性鸡，使得检测结果呈假阴性。鸡群在送至屠宰场或离开农场前可移至实验室,用 PCR 检测弯曲杆菌感染情况。

三、大肠杆菌

鸡的大肠杆菌病是一种急性或者慢性的细菌性传染病,主要症状有心包炎(图7-3,宋柏辰提供)、气囊炎、急性败血症、肝周炎等,经常与病毒、球虫等并发感染或继发产生一些其他疾病,这使得鸡大肠杆菌病的预防以及治疗难度加大。研究表明,不同生长阶段的鸡皆可以发生大肠杆菌病,特别是雏鸡和中型鸡居多,发病率高达 11%~69%,死亡率为 40.2%~90.3%。鸡大肠杆菌病引起鸡生产性能的损失以及死亡率的提高是导致世界家禽产业经济损失的主要原因。

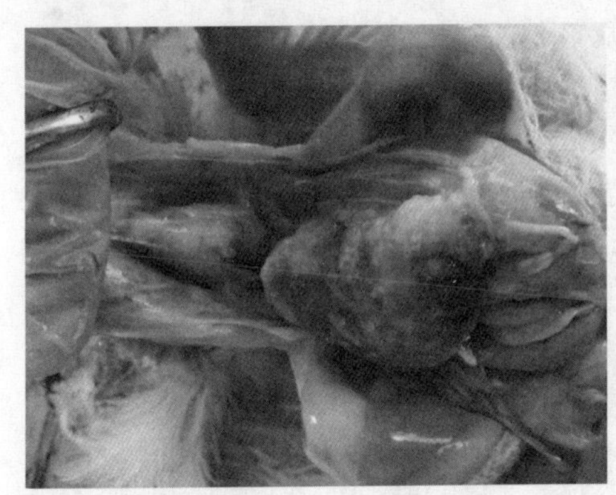
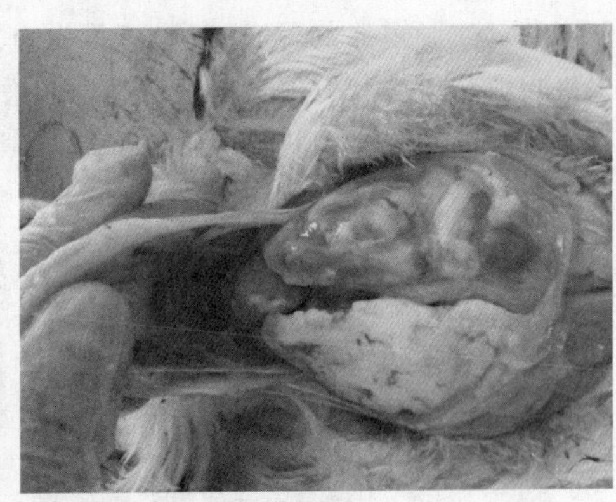

图 7-3 鸡大肠杆菌引起的包心、包肝

美国 NOP 委员会重点强调药物、促生长剂和合成的驱虫剂不允许使用,天然的物质可以使用。但是,一些天然处理的酶制剂、抗氧化剂、控制螨虫的杀虫剂以及从天然植物如大蒜、牛至的提取物可以使用。如果需要,抗生素也可以使用,但是,使用过抗生素的家禽不能作为有机产品销售。益生菌经常用于有机家禽生产,尤其是用来替代抗生素。益生菌是有益微生物,饲喂家禽帮助建立有益的肠道微生物菌群,降低沙门氏菌或大肠杆菌等病原菌的侵袭。

其他天然产物包括益生元,是一些可以选择性刺激有益菌生长的非消化性食物成分。如乳糖,可以被肠道有益的乳酸菌利用,但不能被家禽消化。其他的益生元包括果寡糖、菊糖和乳果糖,通过益生作用改变肠道微生物平衡。低聚果糖似乎具有预防病原菌在肠道黏附的机制。

第三节 坏死性肠炎的控制

坏死性肠炎(necrotic enteritis, NE)是家禽养殖业中常见的一种肠道疾病。随着抗生素在欧洲等地逐渐被禁用,NE 在家禽中暴发率呈现逐年上升的趋势。由于有机鸡生产中禁止使用抗生素,对于有机肉鸡产业而言,坏死性肠炎是一个世界性难题。据研究统计，全球家禽养殖业因 NE 造成家禽死亡、生长性能降低和疾病治疗、预防等损失达 20 亿美元。此外，NE 极大地损害了动物福利，对人类食品安全也是一大威胁。

一、坏死性肠炎的危害

坏死性肠炎已经发生于家禽的多个品种。该病在有机肉鸡上更为常见，常发于 2～6 周龄。但该病亦有报道发生于青年蛋鸡和成年蛋鸡上，造成的死亡率为 10%～40%。在实际生产中，NE 包含临床和亚临床两种症状：临床症状主要表现为白羽肉鸡精神沉郁，羽毛凌乱，腹泻，采食量下降，短时间内死亡率急剧上升，肠壁变薄、脆，肠道胀气，肠道浆膜可见出血点，肉眼可见坏死性病灶（图 7-4，宋柏辰提供）；亚临床症状表现为白羽肉鸡生体增重缓慢，饲料利用率下降，但白羽肉鸡无死亡现象。亚临床症状相比临床症状造成的经济损失更大，主要是由于亚临床造成的生产性能降低，及随之而来的巨额治疗费用。

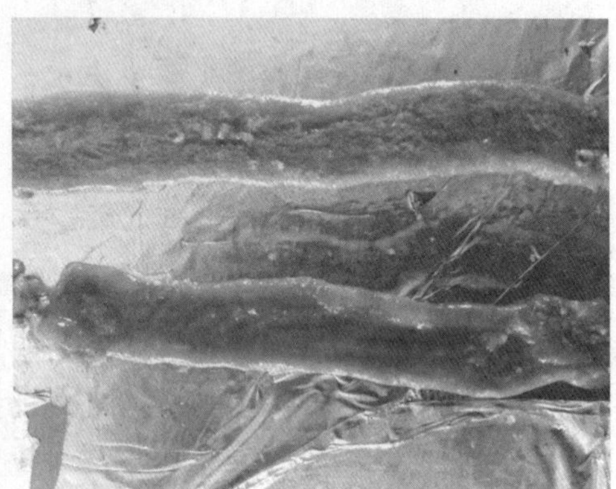

图 7-4　鸡坏死性肠炎

二、坏死性肠炎的诱因

坏死性肠炎是一种肠道传染性疾病，病原为产气荚膜梭菌。它分布广泛，常见于土壤、灰尘、粪便、饲料和废旧的垫料之中。它生成孢子，分泌毒素，繁殖力很强，革兰氏染色反应呈现阳性。

产气荚膜梭菌具有 5 种类型（A、B、C、D 和 E），而坏死性肠炎是由 A 型和 C 型所产生的毒素引起的。最近有研究证实，α 毒素并不是肉鸡坏死性肠炎的一个必需致病因子。在特定条件下，只有某些特定类型的产气荚膜梭菌才能诱发坏死性肠炎。导致坏死性肠炎发生的一个关键因素是肠道形成了适宜产气荚膜梭菌生长的内部环境。坏死性肠炎病因复杂，是由多种病因诱导的，包括日粮、饲养管理因素、细菌性疾病感染。

1. 日粮因素

日粮中非可消性水溶性非淀粉多糖含量过高容易造成坏死性肠炎。小麦、黑麦、燕麦和大麦等麦类谷物，由于增加食糜黏度、降低营养物质消化程度，引发坏死性肠炎。另外，日粮中动物源蛋白质，如鱼粉含量过高，鱼粉中甘氨酸和蛋氨酸含量较高，从而利于产气荚膜梭菌繁殖，也会增加坏死性损炎的发病率。

2. 饲养管理因素

饲喂方式的改变，饲养密度过高，容易导致鸡发生应激，诱发坏死性肠炎的发生。

3. 球虫病

球虫是诱发坏死性肠炎的重要因素。艾美耳球虫在小肠定殖，能够破坏上皮细胞，并且促进血浆蛋白泄露至肠腔，血浆蛋白能够作为产气荚膜梭菌的生长底物；此外，球虫感染诱导的T细胞介导的炎症反应会促进肠道合成黏液，这些黏液能够作为产气荚膜梭菌的生长底物，从而有利于产气荚膜梭菌繁殖。

三、坏死性肠炎的控制

首先从提高饲料消化利用角度，可以采用添加酶制剂来降低食糜黏性，减少坏死性肠炎发生；另外，降低日粮蛋白质水平，减少对鱼粉的使用。

对于可能受环境、饲养管理等其他因素导致坏死性肠炎发生，可以添加植物精油、益生素，中草药等添加剂来抑制肠道产气荚膜梭菌的繁殖，降低坏死性肠炎的发生。

第四节　生物安全措施

由于有机鸡疾病治疗难，从生物安全角度做好预防是有机鸡生产重中之重。有条件的养殖场必须做到良好的生物安全和卫生措施，包括限制到养殖区参观，太阳光和干燥条件有助于降低舍内病原菌，利用允许的消毒剂对进出人员的鞋浸泡消毒也是很好的卫生措施。

由于不同日龄的鸡混养时，大日龄鸡可能携带病原菌给年轻的鸡，具有很大的风险。此外，混合饲养导致一批鸡将病带给另外一批鸡。因而，切实按照“全进全出”进行生产，即同一时间进场，同一时间出栏是很好的卫生防疫方案。

一、卫生

鸡场卫生是非常重要的，清洁卫生是控制疾病发生和传播的有效手段，包括环境卫生和鸡舍卫生。

(一)环境卫生

环境卫生指定期打扫鸡舍四周,清除垃圾、洒落的饲料和粪便。鸡舍周围15 m内要铲除杂草,地面都要进行平整和清理,设立“开阔地”,不种蔬菜、谷物以杜绝鼠或昆虫入侵鸡舍,如滋生杂草要经常铲除,防止蚊虫滋生,给鸡带来疾病传播。场区内不得堆放任何设备、建筑材料、垃圾等,防止野生动物和鼠类繁衍。饲养场院内、鸡舍要经常投放诱饵灭鼠,因为鼠类容易传播疾病和污染饲料,一颗鼠粪含沙门氏菌可达25万个。此外还要灭蝇,舍内灭蝇选择诱饵而不是杀虫剂,诱饵投放在鸡群不易接触的地方,舍外灭蝇可采用喷洒杀虫剂,灭蝇、灭鼠药应选择符合农药管理条例规定的菊酯类杀虫剂和抗凝血类杀鼠剂类高效低毒药物,死鼠和死蝇进行无害化处理处理。

此外,要加强对废弃物的处理。一方面,减少对环境的污染;另一方面,是营养物质的循环利用。尽管家禽垫料和粪便是庄稼和草地的很好的肥料,由于鸡粪中含有较高的氮和磷,因而,不能直接施入土壤中。同时,由于生鸡粪不能直接接触准备收割用于人食用的有机庄稼,家禽不能在90 d内收获,或120 d内一直在土壤中的庄稼地放牧。尽管如此,按照要求进行发酵处理的鸡粪肥或其他的废弃物可以不受以上条件限制。

(二)鸡舍卫生

鸡舍卫生即清除舍内污物,房顶粉尘、蜘蛛网,保持舍内空气清洁。清除舍内污物有利于减少体外寄生虫的发生,体外寄生虫如螨虫,可以通过沙浴进行控制。一些养殖者在沙浴的土壤中添加含硅藻土的土壤。如果螨虫处理需要,天然的除虫菊可以在有机生产中使用。有些栖架螨虫实际上不在鸡身上生活,栖架和各种缝隙也需要进行杀虫处理。可以采用在栖架上涂抹天然油料,如亚麻籽油。

体内寄生虫,如蛔虫、盲肠蛔虫和线虫是有机生产中的问题,已经引起关注。在不同区域轮牧是减少体内寄生虫感染的关键措施。抗球虫药不能用于有机鸡生产中。

(三)鸡舍清洗

鸡舍清洗是第一步,有机物去除才可以进行杀菌消毒。先应清除鸡舍从房顶到地面所有的有机物,然后用高压水枪冲洗,去污,清洗,干燥后再喷消毒剂。可以用于卫生和消毒的药品,包括氯制剂、碘、过氧化氢、过氧乙酸、磷酸等有机酸。过氧化氢对于金属来说,具有很强的腐蚀性,使用之后,应冲洗干净。碘会弄脏表面。虽然酒精也是消毒剂,但消毒效果不理想。丙烷喷灯也是很好的消毒措施。此外,水线也要经常引起注意。水线要用有机酸如柠檬酸或醋使脏物表面疏松,然后用碘或过氧化氢消毒。氯制剂常用于有鸡的情况下带鸡消毒，但是，氯离子浓度不要超过 4 mg/L。

饮水应该保持清洁，应该进行粪便大肠杆菌和含氮化合物检测。加氯对饮水消毒不要超过 4 mg/L。

（四）消毒

舍内带鸡消毒，即往鸡身上直接喷洒药物的一种消毒方式；该方式由于要考虑消毒药对鸡群的影响，不能用腐蚀性强的消毒药，而采取腐蚀性小，杀菌力强、杀菌谱广的广谱性消毒药，有过氧乙酸、氯制剂、百毒杀等，带鸡消毒要求每 2 d 1 次，免疫期前后 2 d 不做带鸡消毒，要轮换使用不同消毒药。

环境消毒是为控制环境中的有害病菌而采取的一种往鸡舍四周环境以及地面喷洒药物的一种方式，环境中有机物多，不需考虑腐蚀性，因而消毒药可以选用杀毒效果强的消毒药，如氢氧化钠、生石灰、苯酚、煤酚皂溶液、农福、农乐、新洁尔灭等。环境消毒最少 2 周 1 次，还要定期更换消毒池和消毒盆中的消毒液，以免过期无效。

二、防疫

雏鸡应做好疫苗的免疫接种，免疫成功的关键取决于：疫苗的质量和保存条件、免疫时间和方法。

由于有机鸡采用放养或散养，具有经常活动、环境空气质量好、疾病抵抗能力强，但是难抓的特点，放养鸡免疫程序不能简单模仿笼养鸡的免疫程序，应根据当地病情，尽量简化免疫程序。建议雏鸡阶段免疫程序和方法如表 7-1 所示，放养产蛋鸡应按产蛋鸡免疫程序进行免疫。

表 7-1　放养肉用型鸡免疫程序

日龄	免疫措施	方法
1	马立克疫苗	孵化场完成
7～10	新城疫 lasota 传染性支气管炎 H120 二联苗	点眼和滴鼻
14～20	法氏囊病弱毒苗	点眼和滴鼻
21～25	新城疫 lasota 传染性支气管炎 H52 二联苗	点眼和滴鼻（或饮水）
28	法氏囊病中等毒力疫苗	点眼和滴鼻（或饮水）
35	鸡痘疫苗 禽流感 H5N1，新城疫灭活苗	雏鸡翅膀的三角区内侧刺种 颈背部皮下或胸肌注射

在有机鸡免疫过程中需要注意以下几点。

①免疫前疫苗应保存在 2～8℃冷藏冰箱中，使用前如果疫苗保存地点与鸡场距离较远，可以在放入冰块的保温箱中对疫苗进行短暂保存。

②疫苗稀释和滴鼻点眼方法：免疫前将盛疫苗瓶和稀释液的瓶子盖启开，用吸管将一定量的疫苗专用稀释液移入疫苗瓶中，盖盖混匀，待疫苗完全溶解后，再将其倒入稀释瓶中，稀释均匀后，再将部分稀释液重新倒回疫苗瓶，冲洗疫苗瓶 1～2 次。如果没有专用稀释液，则用生理盐水，一般每 500 只鸡滴鼻点眼用生理盐水 40 mL，稀释前将免疫用塑料瓶用开水煮沸 30 min 进行消毒，然后用生理盐水冲洗 1～2 遍后盛稀释好的疫苗，给每只鸡的鼻、眼各滴 1 滴。具体手法：左手从鸡背方向抓住鸡背，用食指和中指夹住鸡头，右手握疫苗瓶，轻轻挤压先滴眼 1 滴，然后滴鼻 1 滴，如果滴鼻吸入慢，可以用右手小指轻轻堵住另一侧鼻孔，加快滴鼻疫苗的吸入。

滴鼻点眼时注意：一定待疫苗被鸡完全吸入眼睛或鼻孔后才能把鸡放开，否则鸡通过甩头会将疫苗甩掉。稀释的疫苗必须尽快（1 h 内）用完，否则，疫苗就会失效。滴鼻点眼免疫时注意滴管不能靠近鸡眼睛。

③饮水免疫方法。一般是清晨刷洗饮水器后停水 2～4 h（夏天停水 1～3 h），将适量新鲜清洁的水（21 日龄前 1 000 只鸡需 10～20 kg，21 日龄后 1 000 只鸡需 40 kg）放入干净的塑料桶中，每千克水中加入 50 g 脱脂奶粉，再加入 1 500～2 000 头份疫苗混匀，给 1 000 只鸡饮用，稀释后的疫（菌）苗应确保混合后 2 h 之内全部饮完，如果 0.5 h 就饮完说明饮水量太少，会导致部分鸡没有喝到，影响免疫效果。饮水免疫不能用铁质容器进行。

④未用完的疫苗瓶以及用完疫苗的空瓶应加消毒液或放入炉内做消毒或销毁处理。

⑤注意饮水免疫前 48 h 和免疫后 24 h，不能用消毒药清洗饮水系统，最好不在水中添加药物。

⑥用注射方法免疫时要经常更换针头，一般灭活苗每 500 羽换 1 次。注射后不要立即拔出针头，否则疫苗会流出。

三、鸡病诊断

（一）外型表现和诊断

1. 冠

鸡冠发绀，可能与新城疫、鸡霍乱有关。鸡冠苍白，可能与蛔虫病、绦虫病、鸡传染性贫血病、营养不良有关。鸡冠苍白、萎缩，可能与白血病有关。如果头部皮肤无毛处见小结节，口腔内见伪膜，表明染上鸡痘。

2. 颜面

如果鸡的颜面出现浮肿，绿色粪便，冠及肉垂呈紫色，眼、鼻腔及口腔有黏性分泌物，心脏脂肪、嗉囊及腺胃黏膜点状出血，可能是禽流感；如果咳嗽，鼻液水样，结膜囊内有黏液干酪样物，产蛋量下降，可能与慢性呼吸道疾病有关；鼻腔、眶下窦及气管黏膜呈急性卡他性炎症，可能与传染性鼻炎有关。

3. 眼

如果鸡眼睛的虹彩褪色或白色，视力减退至失明，瞳孔缩小，属马立克氏病眼型；流泪，常混有气泡，同时有呼吸道症状，严重病例眶下窦内有干酪样物，属于慢性呼吸道病；鸡舍氨气浓度过高也会影响鸡的视力，引起视力下降，如果明显感到鸡舍有刺激性氨气味，说明氨气浓度过高。

鸡(禽)眼睛发生病变是多种疾病共有的症状，应鉴别诊断。如一时不能确诊，可对症治疗，以缓解症状。如3%的硼酸溶液冲洗，每日1次；外涂消炎药，如消炎散、金霉素眼药膏、蛋白银眼药水等。鸡患眼病一般是慢性经过，在治疗期间需补充鱼肝油。

4. 口

如果鸡的口角、眼眶或脚部发生溃皮肤炎，脚趾鳞皮硬化，可能与泛酸缺乏有关。

5. 血便

如果1～2月龄鸡出现血便，死亡较快，盲肠出血，属于盲肠球虫病。

6. 张口呼吸

鸡张口呼吸，喘气音，血痰，气管可见严重病变，可能是传染性喉气管炎；呼吸困难，有喘气音，有些鸡出现神经症状，可能是新城疫；无喘气音，吸气伸颈，喉头与气管黏膜水肿，有些死亡很快，可能是鸡痘(黏膜型)；无喘气音，张开翅膀散热，有时很多死亡，多发于舍温35℃以上，属于热射病；频频出现伴有喘气音的怪叫，严重下痢，属传染性支气管炎；面部浮肿，流鼻液，属于传染性鼻炎；面部肿胀，流鼻液，多数气囊炎变化，属于慢性呼吸道疾病；呼吸困难，肺部灰白色结节，属于曲霉菌病。

7. 羽毛状况

羽毛是家禽皮肤特有的衍生物。刚出壳的雏禽体表覆盖有均匀纤细的绒毛；成年健康的家禽羽毛紧凑、平整、光滑且富有光泽。病禽则羽毛逆立、蓬松、污秽、缺乏光泽，换羽提前或延迟。家禽羽毛常见的异常变化有以下几种情况。

(1)羽毛蓬松、污秽、无光泽　这种情形多见于副伤寒、慢性禽霍乱、大肠杆菌病、绦虫病、蛔虫病、吸虫病、维生素A缺乏症、维生素B_1缺乏症等。

(2)羽毛蓬松、逆立　这种情形多见于热性传染病引起的高热、寒战，如新城疫、传染性法氏囊病等。

(3)羽毛变脆、断裂、脱落　这种情形多见于家禽啄癖、外寄生虫病、锌缺乏症、生物素缺乏症等，也可见于家禽自身啄羽。笼养鸡颈部羽毛脱落多是鸡只与鸡笼摩擦的结果。

(4)羽毛稀少或脱色　这种情形多见于叶酸缺乏症，也可见于泛酸缺乏症、维生素D缺乏症。

(5)羽轴的边缘卷曲，且有小结节形成　这种情形多见于锌缺乏症、维生素 B_2 缺乏症或某些病毒的感染。

(6)纯种家禽长出异色羽毛　这种情形多见于家禽的遗传性变异、一些营养素(如铁、铜、叶酸、维生素D等)的缺乏等。

(7)羽毛生长延迟　这种情形多见于叶酸、泛酸、生物素、锌、硒等的缺乏。

8. 腹泻

鸡的正常粪便为棕绿色或黑褐色，呈条状或团状，表面附有少量白色的尿酸盐。来自盲肠的粪便则呈棕褐色，为黏稠的糊状，但在粪便总量中所占比例较小。正常粪便较干燥，落地后不析出液体，新鲜鸡粪可堆起一定高度而不流动。如果出现水样粪便或粪便变稀，需要及时查找原因。引起粪便变稀有很多因素，包括管理因素和疾病因素。

管理因素，如环境高温度，通风不良，导致鸡体温升高，饮水量增多；产蛋率高，饮水量增多；饲料纤维、食盐、钙、镁含量高，导致饮水增加，饮水量增加导致腹泻。此外，还有疾病因素。无论是管理因素还是疾病因素，都要早发现早采取措施避免。

白稀粪：白色带有小块的石灰糊样粪是尿中尿酸盐增多，主要由尿酸钙组成。雏鸡拉白色稀粪应首先考虑鸡白痢，但是鸡白痢也可以拉不同颜色的粪便。弧菌肝炎可拉牛奶样稀粪，包涵体肝炎、鸡副伤寒、禽单核白细胞增多症、产蛋下降综合征、雏绿脓杆菌病、传染性囊病等均可拉白色水样稀粪，后者可呈米汤样。白稀粪或无色蛋清样粪可由前蛭吸虫引起。传染性支气管炎也可出现蛋清样粪。

血粪：血痢或稀粪带血，可由细菌(坏死性肠炎)、病毒病(新城疫)或真菌(霉玉米中毒)等引起。球虫病可拉红西瓜瓤样粪。雏急性盲肠肝炎初期可拉血粪，卡氏住白细胞原虫病后期可拉带鲜血的粪。绦虫、吸虫也可引起血粪。

黑粪：消化道前部出血可出现黑粪。烂鱼粉中毒引起的肌胃糜烂也出现黑粪。

绿粪：绿粪为带有胆汁的粪。拉绿粪团带黄稀粪可由卡氏住白细胞原虫病引起。拉绿稀粪可由鸡新城疫、大肠杆菌病、马立克氏病和淋巴白血病、传染性滑膜囊炎、禽霍乱、禽伤寒、禽流感、鸡衣原体病等及马杜拉霉素中毒引起。

黄色粪：纯姜黄色的硫磺稀粪可由组织滴虫病引起。杏黄色的粪由链球菌病引起。淡黄色水样便由包涵体肝炎引起。黄白稀粪可由传染性囊病或鸡弯曲杆菌病引起。黄粪或黄褐色稀粪可由痢特灵中毒引起。烂鱼粉中毒初期为褐色粪。球虫病出现血粪前先出现红褐色粪。

第八章 有机鸡的运输和加工

有机鸡生产还包括运输和屠宰，需要按照有机生产要求进行。

一、运输

1. 运输的原则

有机活鸡在装卸、运输、待宰和屠宰期间都应有清楚的标记，易于识别；其他畜禽产品在装卸、运输、出入库时也应有清楚的标记，易于识别。

2. 装卸、运输和待宰期间管理

畜禽在装卸、运输和待宰期间应有专人负责管理。

3. 运输条件

有机鸡生产应提供适当的运输条件，包括以下内容。

①避免畜禽通过视觉、听觉和嗅觉接触到正在屠宰或已死亡的动物。

②避免混合不同群体的畜禽。有机畜禽产品应避免与常规产品混杂，并有明显的标识。

③提供缓解应激的休息时间。

④确保运输方式和操作设备的质量和适合性。运输工具应清洁并适合所运输的畜禽，并且没有尖突的部位，以免伤害畜禽。

⑤运输途中应避免畜禽饥渴，如有需要，应给畜禽喂食、喂水。

⑥考虑并尽量满足畜禽的个别需要。

⑦提供合适的温度和相对湿度。

⑧装载和卸载时对畜禽的应激应最小。不应使用电棍及类似设备驱赶动物。不应在运输前和运输过程中对动物使用化学合成的镇静剂。

⑨运输有机活鸡的时间不超过 8 h。

二、屠宰要求

①应在政府批准的或具有资质的屠宰场进行屠宰，且应确保良好的卫生条件。

②应就近屠宰。除非从养殖场到屠宰场的距离太远，一般情况下运输畜禽的

时间不超过 8 h。

③用于使畜禽在屠宰前失去知觉的工具应随时处于良好的工作状态。如因宗教或文化原因不允许在屠宰前先使畜禽失去知觉,而必须直接屠宰,则应尽可能在平和的环境下以尽可能短的时间进行。

④有机畜禽和常规畜禽应分开屠宰,屠宰后的产品应分开储藏并清楚标记。用于畜体标记的颜料应符合国家的食品卫生规定。有机家禽应按照有机食品生产标准进行屠宰。关键在于使用许可的有机清洁剂、消毒和害虫控制方法、避免被非有机产品污染或混入非有机产品。

三、有机屠宰和加工中消毒剂要求

在有机加工中可以使用消毒剂对器具,环境等进行消毒,但消毒剂只能采用氯制剂,过氧化氢、过氧乙酸、磷酸和其他有机酸。一些经过认证的含氯消毒剂可以用于表面消毒,但是,最后的冲洗剂,氯含量应符合饮用水标准,或氯低于 4 μL/L。

第九章　有机鸡的记录保存

记录保存是有机生产中的一个重要环节。记录必需按照动物、材料、饲料购买分开记录。管理方法、生产过程、屠宰批次、体重、数量、出售等分开记录。

对畜禽养殖场要有完整的存栏登记表。其中包括所有进入该单元动物的详细信息(品种、产地、数量、进入日期等),还应提供所有的出栏畜禽的详细资料,年龄、屠宰时的重量、标识及目的地等。

畜禽养殖场要记录所有兽药的使用情况,包括购入日期和供货商,产品名称、有效成分及采购数量,被治疗动物的识别方法,治疗数目、诊断内容和用药剂量,治疗起始日期和管理方法,销售动物或其产品的最早日期。

畜禽养殖场要登记所有饲料的详情,包括种类、成分和其来源等。记录需要保留至少5年。

参考文献

[1] 白康,陈辉,郭小虎,等. 棉籽油对蛋品质及熟鸡蛋质构的影响. 黑龙江畜牧兽医,2014,2:80-83.

[2] 白修云,李勇,孟艳莉,等. 常温保存条件下砂壳鸡蛋和正常鸡蛋蛋品质变化比较. 中国家禽,2013,35(6):29-32.

[3] 陈崇霄,张博,尹晓楠,等. 营养性添加剂控制放养鸡球虫病的试验观察. 饲料研究,2013,12:28-30.

[4] 杜秉全,葛庆联,蒲俊华,等. 不同品种鸡蛋品质比较与相关性分析. 中国家禽,2012,34(21):65-66.

[5] 冯海鹏. 不同壳色鸡蛋内部营养成分的比例,中国禽业导刊,1999,21:18.

[6] 胡兵,龚炎长,俸艳萍,等. 放养对不同品系景阳鸡生产性能、蛋品质及肠道微生物的影响. 中国家禽,2018,40(1):30-35.

[7] 胡永灵,刘毅. 湘黄鸡球虫病病原学调查与鉴定. 畜牧兽医杂志,2011:30(6):9-11.

[8] 季辉. 新型球虫消毒剂"球速灭"的初步研究. 硕士学位论文. 南京:南京农业大学. 2009.

[9] 金崇富,葛兆建,杨智青,等. 不同鸡品种及养殖模式下蛋品质的比较分析. 江苏农业科学,2013,23(12):222-223.

[10] 李林笑,秦汉祥,杜学振, 等. 不同饲养方式对南丹瑶鸡血清生化指标及蛋品质的影响. 中国家禽,2017,39(22):34-37.

[11] 李龙,蒋守群,郑春田,等. 不同品种黄羽肉鸡肉品质比较研究. 中国家禽,2015,37(21):6-11.

[12] 李旭红. 岳阳地区鸡球虫病的调查与防治研究. 长沙:湖南农业大学,硕士学位论文,2007.

[13] 李永华,李朝,段彦民,等. 云南武定鸡寄生虫感染情况调查. 养殖与饲料,2018,12:8-10.

[14] 林诗宇,杜夏夏,冉崇霖,等. 舍饲与林地放养混合模式下寿光鸡、固始鸡和罗

曼蛋鸡蛋品质及肉品质的比较. 动物营养学报,2017,29(6):2116-2123.
[15] 刘艳丰,王晶,於建国,等. 不同饲养方式对芦花鸡屠宰性能和肉品质的影响. 中国家禽,2017,6:53-55.
[16] 陆俊贤,葛庆联,施祖灏,等. 不同品种鸡蛋中胆固醇含量比较. 中国家禽,2010,32,(8):64-65.
[17] 马敏,张增荣,杜华锐,等. 放养条件下不同品种优质肉鸡肉品质比较分析. 2015,37(21):53-54.
[18] 马元,兰菁,王世泰. 不同鸡种在相同条件下的适应性及生长效果观察. 甘肃畜牧兽医,2017,8:74-75.
[19] 潘爱銮,吴艳,申杰,等. 不同鸡品种肉质性状比较分析. 湖北农业科学,2015,54(23):5966-5968.
[20] 蒲俊华,葛庆联,高玉时,等. 不同品种蛋鸡产蛋初期鸡蛋蛋品质及营养成分比较. 中国畜牧杂志,2012,48(23):24-27.
[21] 申杰,潘爱銮,蒲跃进,等. 不同品种鸡胸肌脂肪酸组成分析. 湖北农业科学,2014,53(23):5805-5808.
[22] 孙菡聪,杨宁,郑江霞,等. 不同品种、不同周龄鸡蛋营养成分比较研究. 中国畜牧杂志,2009,19:62-65.
[23] 唐诗,贾亚雄,朱静,等. 三个品种鸡蛋的蛋品质比较. 中国家禽,2014,36(23):14-16.
[24] 屠康. 食品物性学. 南京:东南大学出版社,2006.
[25] 王琼,张代喜,傅德智,等.不同养殖方式对北京油鸡产蛋性能和蛋品质的影响. 中国家禽,2014,36(1):12-16.
[26] 王炜,诸永志,宋玉,等. 不同品种鸡汤风味品质比较研究. 江西农业学报,2012,6:149-152.
[27] 徐桂云,侯卓成,宁中华,等. 不同蛋鸡品种蛋品质分析比较研究,河北畜牧兽医,2003,8:19-35.
[28] 薛蓓,林哲旭,贾福晨,等. 不同饲养模式下藏鸡产蛋性能和蛋品质分析. 黑龙江畜牧兽医,2018,4:80-82.
[29] 杨建发,毕保良,赵 平,等. 昆明市北郊放养鸡寄生虫感染情况调查及防治建议. 黑龙江畜牧兽医,2011, 11:86-87.
[30] 杨明超,窦相发,阎楼芳,等. 云南省盈江县放养鸡肠道蠕虫初步调查. 中国兽医寄生虫病 2008, 16(5): 34-35.
[31] 杨双,徐桂云,郑江霞. 不同品种鸡蛋蛋白黏性与韧性分析. 中国家禽,2015,37(23):38-40.

[32] 尹玲倩，满春伟，李菁菁．三种鸡种在不同饲养方式下的蛋品质比较与分析．当代畜牧，2017，18：1-4．

[33] 张彩云，王晓亮，涂盈盈，等．纯系蛋鸡不同产蛋周龄蛋品质变化规律研究．中国家禽，2017，39(13)：12-15．

[34] 张剑，初芹，张尧，等．不同品种鸡全蛋及蛋黄营养物质含量分析研究．中国家禽，2011，22：28-30．

[35] 张晓波．中链脂肪酸对球虫易感性的影响．硕士学位论文．北京：中国农业大学，2007．

[36] 赵超，马学会，张国磊，等．不同品种蛋鸡鸡蛋品质的比较分析．中国饲料，2006(1)：18-20．

[37] 赵春颖，初蔚琳，吕学泽，等．不同养殖方式对北京地区绿壳蛋鸡产蛋性能和蛋品质的影响，中国家禽，2017，3：36-40．

[38] 钟舒红．放养鸡寄生虫病的流行特点及防治措施．广西畜牧兽医，2012，6：346-348

[39] 周华侨，余庆，舒刚，等．散养和笼养条件下二郎山山地鸡蛋肉兼同系蛋肉品质分析比较．畜牧与兽医，2012，44(11)：39-40．

[40] 周源，王定发，胡修忠，等．不同来源亚麻籽对蛋鸡生产性能、蛋品质、鸡蛋脂肪酸组成和血清中炎性细胞因子的影响．中国家禽，2017，39(15)：35-39．

[41] McDougald L，谢明权．营养对控制球虫病的重要性．中国兽医杂志，1990，7：54-55．

[42] Abbas T E，Ahmed M E. Poultry meat quality and welfare as affected by organic production system. Animal and Veterinary Sciences，2015，3(5-1)：1-4.

[43] Abdullah F A A，Buchtova H. Comparison of qualitative and quantitative properties of the wings，necks and offal of chicken broilers from organic and conventional production systems. Veterinarni Medicina，2016，61(11)：643-651.

[44] Allen P C，Fetterer R H. Recent advances in biology and immunology of Eimeria species and in diagnosis and control of infection with these Coccidian parasites of poultry. Clinical Microbiology Reviews，2002，15(1)：58-65.

[45] Bennett C. Organic diets for small flocks. 2006. Publication，Manitoba Agricuture. Available at：http：//www. gov. mb. ca/agriculture/ livestock/ poultry/bba01s20. html.

[46] Bhogal B S，Miler G A，Anderson A C，et al. Potential of a recombinant as

a prophylactic vaccine for one-day-old broiler chickens against Eimeria acervulina and Eimeria tenella infections. Veterinary Immunology and Immunopathology, 1992,31:323-335.

[47] Bubier N E, Bradshaw R H. Movement of flocks of laying hens in and out of the hen house in four free range systems. British Poultry Science, 1998, 39:5-6.

[48] Cobanoglu F, Kucukyilmaz K, Cinar M, et al. Comparing the profitability of organic and conventional broiler production. Brazilian Journal of Poultry Science, 2014, 16(4): 403-410.

[49] Dalziel C J, Kliem K E, Givens D I. Fat and fatty acid composition of cooked meat from UK retail chickens labelled as from organic and non-organic production systems. Food Chemistry, 2015, 179:103-108.

[50] Díaz-Sánchez S, Moscoso S, Santos FS, et al. Antibiotic use in poultry; a driving force for organic poultry production. Food Protection Trends, 2015, 35(6):440-447.

[51] Fanatico A. Organic Poultry Production in the United States. A Publication of ATTRA-National Sustainable Agriculture Information Service.

[52] Homidan Al. Effect of litter type and stocking density on ammonia, dust concentrations and broiler performance. British Poultry Science, 2003, 44: S7-S8.

[53] Horsted K, Allesen-Holm B H, Hermansen J E, et al. Sensory profiles of breast meat from broilers reared in an organic niche production system and conventional standard broilers. Journal of the Science of Food & Agriculture, 2012,92(2):258-265.

[54] Http://thepoultryguide. com/category/knowledge-centre/poultry-farming.

[55] Hu Q H, Zhang L X, Wang C B. Emergy-based analysis of two chicken farming systems: a perception of organic production model in china. Procedia Environmental Sciences, 2012, 13(23):445-454.

[56] Lai A, Dong G, Song D, et al. Responses to dietary levels of methionine in broilers medicated or vaccinated against coccidia under Eimeria tenella-challenged condition. BMC Veterinary Research,2018,14:140.

[57] Lampkin N. Organic poultry production. Welsh Institute of Rural Studies, University of Wales,Aberystwyth,SY23 3AL. 1997.

[58] Marian L, Thøgersen J. Direct and mediated impacts of product and process

characteristics on consumers' choice of organic vs. conventional chicken. Food Quality & Preference, 2013, 29(2):106-112.

[59] Napolitano F, Castellini C, Naspetti S, et al. Consumer preference for chicken breast may be more affected by information on organic production than by product sensory properties. Poultry Science, 2013, 92(3):820-826.

[60] Sherwin C M, Nasr M A F, Gale E, et al. Prevalence of nematode infection and faecal egg counts in free-range laying hens: relations to housing and husbandry. British Poultry Science, 2013,54(1):12-23.

[61] Sossidou E N, Bosco A D, Castellini C, et al. Effects of pasture management on poultry welfare and meat quality in organic poultry production systems. Worlds Poultry Science Journal, 2015, 71(2):375-384.

[62] Van Krimpen M M, Leenstra F, Maurer V, et al. How to fulfill EU requirements to feed organic laying hens 100% organic ingredients. Journal of Applied Poultry Research, 2016,25(1): 129-138.

[63] Van Loo E, Caputo V, Nayga Jr RM, et al. Effect of organic poultry purchase frequency on consumer attitudes toward organic poultry meat. Journal of Food Science, 2010, 75(7):S384-S397.

[64] Williams R B. A compartmentalized model for the estimation of the cost of coccidiosis to the world's chicken production industry. International Journal for Parasitology, 1999,29:1209-1229.

[65] Xu H, Su H, Su B, et al. Restoring the degraded grassland and improving sustainability of grassland ecosystem through chicken farming: a case study in northern china. Agriculture Ecosystems & Environment, 2014, 186(3): 115-123.